普通高等学校“十四五”规划自动化专业特色教材

XIANDAI KONGZHI LILUN

现代控制理论

■ 主　编 / 王家林　孙　盼
■ 副主编 / 李成县　孙　军
侯佳欣　何　笠
■ 参　编 / 马子恒　乐佳丁

華中科技大學出版社
http://press.hust.edu.cn
中国 · 武汉

内 容 简 介

本书以线性系统理论为主线介绍了现代控制理论的基础知识，内容包括控制理论的发展、研究范围，现代控制的数学基础，线性控制系统的状态空间描述、可控性与可观性，线性定常系统的反馈结构及状态观测器，系统稳定性及其李雅普诺夫稳定性等，并将 MATLAB 语言的知识穿插到各章节内容中，有利于培养学生利用计算机解决实际问题的能力。

本书重难点突出、概念清晰、内容精炼、简明易懂，可作为高等学校自动化、电气类、机电类各专业现代控制理论课程的教材，也可作为其他相关理工科学生和工程技术人员的实践参考书。

图书在版编目(CIP)数据

现代控制理论/王家林，孙盼主编. —武汉：华中科技大学出版社，2023.6

ISBN 978-7-5680-9487-0

Ⅰ.①现…　Ⅱ.①王…　②孙…　Ⅲ.①现代控制理论-高等学校-教材　Ⅳ.①O231

中国国家版本馆 CIP 数据核字(2023)第 081531 号

现代控制理论　　王家林　孙　盼　主编

Xiandai Kongzhi Lilun

策划编辑：王汉江

责任编辑：王汉江

封面设计：秦　茹

责任监印：周治超

出版发行：华中科技大学出版社(中国·武汉)　　电话：(027)81321913

武汉市东湖新技术开发区华工科技园　　邮编：430223

录　　排：武汉楚海文化传播有限公司

印　　刷：武汉开心印印刷有限公司

开　　本：787mm×1092mm　1/16

印　　张：10.25

字　　数：218 千字

印　　次：2023 年 6 月第 1 版第 1 次印刷

定　　价：36.00 元

PREFACE

前言

线性系统理论是现代控制理论的基础，也是目前理论上最完善、技术上最成熟、工程应用最广泛的一个分支。

本书以线性系统理论的基本内容为基础，以系统的状态空间描述、线性系统的结构特性分析、线性定常系统的状态反馈综合为主要内容，可帮助读者正确理解和掌握其中最基础又最重要的概念、原理，以及分析、综合系统的方法。

全书共分 6 章，第 1 章为绪论，介绍了控制理论的发展、研究范围及分支；第 2 章对所用的数学知识进行了集中介绍；第 3 章为线性控制系统的状态空间描述；第 4 章为线性控制系统的可控性与可观性；第 5 章介绍了线性定常系统的反馈结构及状态观测器；第 6 章介绍了系统稳定性及其李雅普诺夫稳定性。特别地，第 3 至 6 章还介绍了现代控制领域最流行的 MATLAB 软件的应用，以此来分析和解决控制系统中的问题。另外，本书例题、习题丰富，利于学生自学。

本书力求在不影响内容系统性和理论严谨性的前提下，尽量简化或避免过多的数学推导，而注重系统的物理概念。各高校老师可以根据本校专业设置的特点及需求，适当地选择授课内容。

本书由海军工程大学电气工程学院王家林副教授、孙盼副研究员担任主编，李成县、孙军、侯佳欣、何笠担任副主编。本书是课程组在总结多年教学和科研经验的基础上，结合国内外现代控制理论发展及应用现状，参考了国内外众多经典教材，经反复研讨编写而成的。书中参考并引用了相关机构和学者的文献，在此一并表示感谢。

由于作者水平有限，书中错误或欠妥之处在所难免，恳请各位读者批评指正。

编　者

2023 年 5 月

CONTENTS

目录

第1章

绪　论

1.1　控制理论的发展

控制理论研究的内容是如何按照被控对象和应用条件的特性，采集并利用信息，对被控对象施加控制作用，使系统在变化或不确定的条件下保持预定的功能。控制理论是从实践发展而来的，它来自于实践但又反过来指导实践。控制理论的发展又一次说明了这一真理。远在控制理论形成之前，就有蒸汽机的飞轮调速器、鱼雷的航向控制系统、航海罗经的稳定器、放大电路的镇定器等自动化系统和装置。这些都是不自觉地应用了反馈控制概念而构成的自动控制器件和系统的成功案例，可以说控制理论是在人类认识和改造世界的实践活动中发展起来的，它不但要认识事物运动的规律，而且要应用这些规律去改造客观世界。随着自动化技术的不断发展，自动控制理论逐渐上升为一门理论学科，并被划分成“经典控制理论”和“现代控制理论”两大部分。可以说，自动控制或自动化技术已成为现代化的重要标志之一，推动着高精尖科技的不断进步，把人类社会推进到崭新的现代化时代，随着控制论的形成和发展，控制论的方法论广泛地渗透到各个学科领域。控制论作为一门基础理论性学科，也可以将控制论看作数学的一个分支。

1.1.1　控制理论发展初期及经典控制理论阶段

人类发明具有“自动化”功能的装置，可以追溯到公元前 14 至公元前 11 世纪，如中国、古埃及和古巴比伦相继出现的自动计时漏壶等，图 1.1 为西汉青铜漏壶。

图 1.1　西汉青铜漏壶

公元前 300 年左右，李冰父子主持修筑的都江堰水利工程（图1.2）充分体现了自动控制系统的观念，是自动控制原理的典型实践。

图 1.2　都江堰水利工程与李冰父子

公元 100 年左右，古罗马的希罗发明了开闭庙门和分发“圣水”的自动装置（图 1.3）。

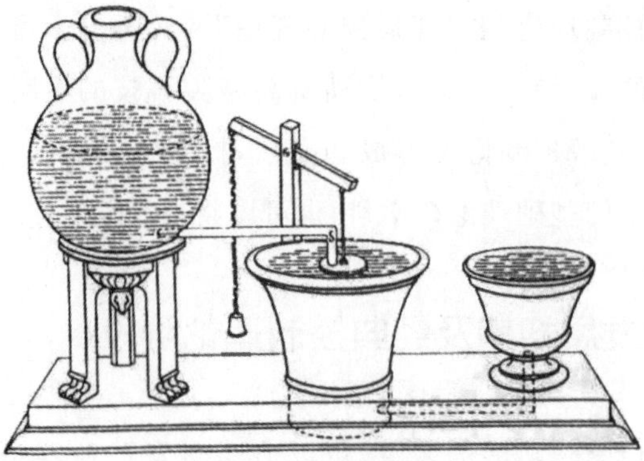

图 1.3　“圣水”分发装置

公元132年,东汉杰出天文学家张衡发明了水运浑象仪(图1.4),研制出了自动测量地震的候风地动仪(图1.5)。

图1.4 水运浑象仪

图1.5 候风地动仪

公元235年,我国发明的指南车(图1.6)是一个开环控制方式的自动指示方向的控制系统。

工业革命时期,英国科学家瓦特于1788年运用反馈控制原理发明并成功设计了蒸汽机离心飞球调速器(图1.7)。

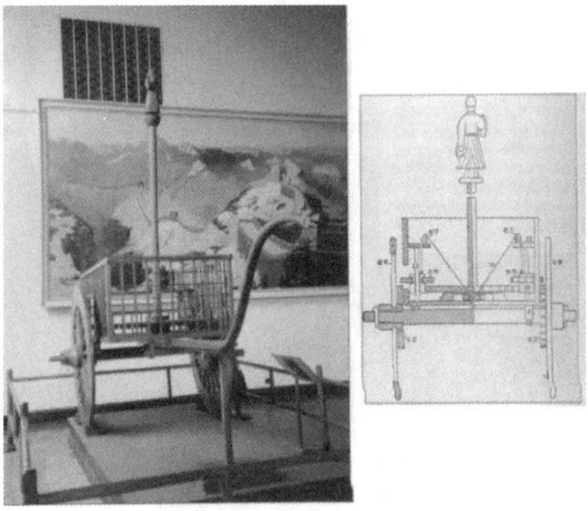

图1.6 指南车

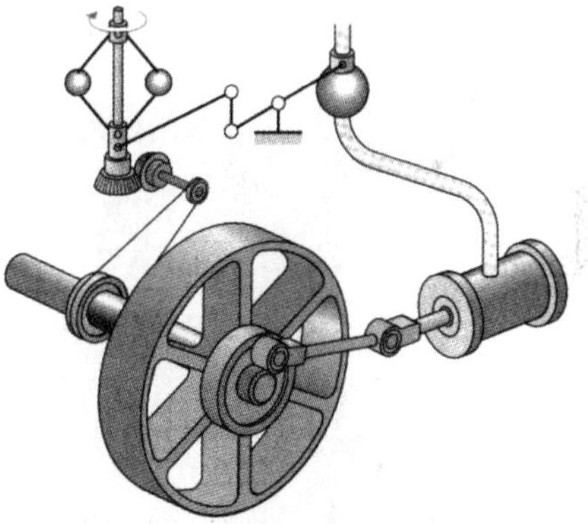

图1.7 蒸汽机离心飞球调速器

后来,英国学者麦克斯韦(J. C. Maxwell,图1.8)于1868年发表了《论调速器》的论文,对离心飞球调速器的稳定性进行了分析。这就是人们依据对技术问题的直觉理解,形成的控制理论的开端。

英国数学家罗斯(E. J. Routh,图1.9)与德国数学家赫尔维茨(A. Hurwitz,图1.10)把麦克斯韦的思想扩展到高阶微分方程描述的更复杂的系统中,分别在1877年和

图1.8 麦克斯韦(1831—1879)

1895 年各自提出了直接根据代数方程的系数判别系统稳定性的准则,即两个著名的稳定性判据——劳斯判据和胡尔维茨判据,也可以说是 Routh-Hurwitz 稳定性判据。

图 1.9　罗斯(1831—1907)

图 1.10　赫尔维茨(1859—1919)

随后,自动控制理论作为一门系统的技术科学逐步建立和完善,特别是俄国李雅普诺夫(A. M. Lyapunov,图 1.11)于 1892 年在其博士论文《论运动稳定性的一般问题》中创立了运动稳定性理论,建立了从概念到方法分析稳定性的完整体系,为稳定性研究奠定了理论基础。

1922 年,俄裔美国科学家米诺尔斯基(N. Minorsky,图 1.12)研制出了用于美军船舶驾驶的伺服结构,首次提出了经典的 PID 控制方法。

图 1.11　李雅普诺夫(1857—1918)

图 1.12　米诺尔斯基(1885—1970)

1927 年,美国贝尔实验室的工程师布莱克(H. S. Black,1898—1983)提出了高性能的负反馈放大器,首次提出了负反馈控制这一重要思想。

美籍瑞典物理学家奈奎斯特(H. Nyquist,图 1.13)于 1932 年提出了根据稳态正弦输入信号的开环响应确定闭环系统稳定性的判据,解决了振荡和稳定性问题,同时把频域法的概念引入自动控制理论,推动了自动控制理论的发展。

1938 年,美国科学家波德(H. W. Bode,图 1.14)将频率响应法进行了系统研究,形成了经典控制理论的频域分析法。

图 1.13 奈奎斯特(1889—1976)

图 1.14 波德(1905—1982)

1938 年,美国数学家、电气工程师香农(C. E. Shannon,图 1.15)提出了继电器逻辑自动化理论,1948 年发表了著名的论文《通讯的数学原理》,奠定了信息论的基础。

1942 年,美国工程师齐格勒(J. G. Ziegler,1909—1997)、尼科尔斯(N. B. Nichols,1914—1997)提出了著名的齐格勒-尼科尔斯方法,这是一种启发式的 PID 参数最佳调整法,迄今为止依然是工业界调整 PID 参数的主流方法。

1948 年,伊文思提出了根轨迹法。频率响应法和根轨迹法被推广用于研究采样控制系统和简单的非线性控制系统,标志着经典控制理论已经成熟。经典控制理论在理论和应用上所获得的广泛成就,促使人们试图把这些原理推广到像生物控制机理、神经系统、经济及社会过程等非常复杂的系统。

1948 年,科学家维纳(N. Wiener,图 1.16)出版了《控制论——关于在动物和机器中控制和通信的科学》,系统地论述了控制理论的一般原理和方法,推广了反馈的概念,该著作的发表标志着经典控制理论体系的形成,自此控制理论作为一门独立的学科而迅速发展。

图 1.15 香农(1916—2001)

图 1.16 维纳(1894—1964)

经典控制理论以拉普拉斯变换（或称拉氏变换）为数学工具，以单输入单输出的线性定常系统为主要研究对象，将描述系统的微分方程或差分方程变换到复数域中，得到系统的传递函数，并以此为基础在频率域中对系统进行分析与设计，确定控制器的结构和参数。通常是采用反馈控制，构成所谓闭环控制系统。经典控制理论可以方便地分析和综合自动控制系统的很多工程问题，特别是很好地解决了反馈控制系统的稳定性问题，适应了当时对自动化的需求，而且至今仍大量地应用在一些相对简单的控制系统分析和设计中。但是，经典控制理论也存在着明显的局限性，例如：

经典控制理论仅适合于单输入单输出（SISO）、线性定常系统；忽略了系统内部特性的运行及变量的变化；在系统综合中所采用的工程方法，对设计者的经验有一定的依赖性；设计和综合采用试探法，不能一次性得出最优结果；等等。

由于实际的系统绝大多数是多输入多输出（MIMO）的系统，经典控制理论在处理这些问题时就显现出了不足，为了解决复杂的控制系统问题，现代控制理论逐步形成。

1.1.2 现代控制理论阶段

20 世纪中期，在实践问题的推动下，特别是航空航天技术的兴起，控制理论进入了一个蓬勃发展的时期。

我国著名科学家钱学森院士（图 1-17）将控制理论应用于工程实践，并于 1954 年出版了著名的《工程控制论》。

图 1.17　钱学森院士（1911—2009）

随后，多本经典控制理论名著相继出版，包括 Smith 的《Automatic Control Engineering》、Bode 的《Network Analysis and Feedback Amplifier》，MacColl 的《Fundamental Theory of Servomechanisms》。

空间技术的发展迫切要求解决更复杂的多变量系统、非线性系统的最优控制问题（如火箭和宇航器的导航、跟踪和着陆过程中的高精度、低消耗控制，到达目标的控制时间最小等）。实践的需求推动了控制理论的进步，计算机技术的发展也从计算手段上为控制理论的发展提供了条件。适合描述航天器的运动规律，又便于计算机求解的状态空间模型成为主要的模型形式。因此，20 世纪 60 年代产生的现代控制理论是以状态变量概念为基础，利用现代数学方法和计算机来分析、综合复杂控制系统的新理论,适用于多输入多输出、时变的非线性系统。

1956 年,著名的苏联数学家庞特里亚金(L. S. Pontryagin,图 1. 18)发表了《最优过程数学理论》,并于 1961 年证明并发布了著名的极大值原理。

极大值原理和动态规划为解决最优控制问题提供了理论工具。

1957 年,著名的美国数学家贝尔曼(R. E. Bellman,图 1-19)在兰德公司(RAND Cooperation)数学部的支持下,提出了离散多阶段决策的最优性原理,创立了动态规划方法,发表了著名的《Dynamic Programming》,建立了最优控制的理论基础。

图 1.18　庞特里亚金(1908—1988)

图 1.19　贝尔曼(1920—1984)

1957 年,国际自动控制联合会(International Federation of Automatic Control, IFAC)正式成立,中国为发起国之一,第一届学术会议于 1960 年在莫斯科召开。我国著名科学家钱学森院士为 IFAC 第一届执行委员会委员。

1960 年前后,卡尔曼(R. E. Kalman,1930—2016)系统地引入了状态空间描述法,并提出了关于系统的可控性、可观性概念和新的滤波理论,标志着控制理论进入了一个崭新的历史阶段,即建立了现代控制理论的新体系。现代控制理论是建立在状态空间方法基础上的,本质上是一种时域分析方法,而经典控制理论偏向于频域的分析方法。

原则上,现代控制理论适用于 SISO 和 MIMO 系统、线性和非线性系统,以及定常和时变系统。现代控制理论不仅包括传统输入输出外部描述,更多地将系统的分析和综合建立在系统内部状态特征信息上,依赖于计算机进行大规模计算。计算机技术的发展在推动现代控制理论发展的同时,要求对连续信号离散化,因而整个控制系统都是离散的,所以整个现代控制理论的各个部分都分别针对连续系统和离散系统存在两套平行相似的理论。除此之外,对于复杂的控制对象,寻求最优的控制方案也是经典控制理论的难题,而现代控制理论针对复杂系统和越来越严格的控制指标,提出了一套系统的分析和综合的方法。它通过以状态反馈为主要特征的系统综合，实现在一定意义下的系统优化控制。因此，现代控制理论的基本特点在于用系统内部状态量代替经典控制理论的输入输出的外部信息的描述，将系统的研究建立在严格的理论基础之上。

现代控制理论在航空、航天和军事武器等精确控制领域取得了巨大成功，在工业生产过程控制中也得到了一定的应用，其致命弱点是系统分析和控制规律的确定都严格地建立在系统精确的数学模型基础之上，缺乏灵活性和应变能力，只适用于解决相对简单的控制问题。在生产实践中，复杂控制问题则要通过梳理操作人员的经验并与控制理论相结合来解决。而大规模工业自动化的要求，使自动化系统从局部自动化走向综合自动化，自动控制问题不再局限于一个明确的被控量，这时自动化科学和技术所面对的是一个系统结构复杂、系统任务复杂，以及系统运行环境复杂的系统。面对如此复杂的系统，要解决其控制问题，控制理论正向着智能控制方法的方向发展。

1.1.3 智能控制理论阶段

随着要研究的对象和系统越来越复杂，如智能机器人系统、复杂过程控制等，仅仅借助于数学模型描述和分析的传统控制理论已难以解决不确定性系统、高度非线性系统和复杂任务控制要求的控制问题。由此可见，复杂的控制系统的数学模型难以通过传统的数学工具来描述，采用数学工具或计算机仿真技术的传统控制理论已经无法解决此类系统的控制问题。随着大规模复杂系统的控制需要以及现代计算机技术、人工智能和微电子学等学科的高速发展，智能控制应运而生。智能控制是自动控制发展的最新阶段，主要针对经典控制理论和现代控制理论难以解决的系统控制问题，以人工智能技术为基础，在自组织、自学习控制的基础上，提高控制系统的自学习能力，逐渐形成以人为控制器的控制系统、人机结合作为控制器的控制系统和无人参与的自主控制系统等多个层次的智能控制方法。智能控制一出现就表现出强大的生命力，20 世纪 80 年代以来，智能控制从理论、方法、技术直至应用等方面都得到了广泛的研究，逐步形成了一些理论和方法，并被许多人认为是继经典控制理论和现代控制理论之后，控制理论发展的又一个里程碑。但是智能控制是一门新兴的、尚不成熟的理论和技术，也就是说，智能控制还未形成系统化的理论体系，同时，随着人工智能技术、计算机网络技术和云计算等技术的发展，智能控制理论的应用也会越来越广泛。

1.2 现代控制理论的研究范围及分支

现代控制理论是关于控制系统状态的分析和综合的理论,它从系统建模、系统分析、系统优化控制,一直到系统对随机干扰的扼制,所包含的内容非常全面、丰富。概括起来,它主要由以下几个分支组成。

(1)线性系统理论。它主要研究线性系统状态的运动规律和改变这些规律的可能性与实施方法。它除了包括系统的能控性、能观性、稳定性分析之外,还包括状态反馈、状态估计及补偿器的理论和设计方法等内容。

(2)最优滤波理论。它主要研究如何根据被噪声污染的测量数据,按照某种判别准则,获得有用信号的最优估计。卡尔曼滤波是滤波理论的一大突破。

(3)系统辨识。所谓系统辨识就是在系统的输入-输出试验数据的基础上,从一组给定的模型类中确定一个与所测量系统本质特征等价的模型。

(4)最优控制。最优控制就是在给定限制条件和性能指标下,寻找使系统性能在一定意义下为最优的控制规律。在解决最优控制问题中,庞特里亚金的极大值原理和贝尔曼的动态规划法是两种最重要的方法。

(5)自适应控制。其基本思想是,当被控对象内部结构和参数以及外部环境干扰存在不确定性时,在系统运行期间,系统自身能对有关信息实现在线测量和处理,从而不断地修正系统结构的有关参数和控制作用,使之处于人们所期望的最佳状态。

(6)非线性系统理论。它主要研究非线性系统状态的运动规律和改变这些规律的可能性与实施方法,主要包括可控性、可观性、稳定性、线性化、解耦及反馈控制、状态估计等理论。

习 题

1-1 现代控制理论与经典控制理论有哪些主要方面的不同?

1-2 经典控制理论发展过程中的代表人物有哪些?他们分别做出了什么贡献?

1-3 现代控制理论发展过程中的代表人物有哪些？他们分别做出了什么贡献？

1-4 试分析限制现代控制理论在实际生产中应用最重要的因素是什么？

1-5 早期最著名的现代控制中最优控制理论应用实例是什么？

第2章

现代控制数学基础

2.1 矩阵代数基础

2.1.1 矩阵代数

1. 矩阵的加减法

如果矩阵 $\boldsymbol{A}$ 和 $\boldsymbol{B}$ 具有相等数量的行和列，则 $\boldsymbol{A}$ 和 $\boldsymbol{B}$ 可以相加或相减。设 $\boldsymbol{A}=[a_{ij}]$，$\boldsymbol{B}=[b_{ij}]$，则

$$\begin{cases}\boldsymbol{A}+\boldsymbol{B}=[a_{ij}+b_{ij}]\\ \boldsymbol{A}-\boldsymbol{B}=[a_{ij}-b_{ij}]\end{cases} \tag{2-1}$$

2. 数与矩阵的乘法

对于矩阵 $\boldsymbol{A}=[a_{ij}]$和常数 k，有

$$k\boldsymbol{A}=\begin{bmatrix} ka_{11} & ka_{12} & \cdots & ka_{1m}\\ ka_{21} & ka_{22} & \cdots & ka_{2m}\\ \vdots & \vdots & & \vdots\\ ka_{n1} & ka_{n2} & \cdots & ka_{nm}\end{bmatrix}$$

3. 矩阵与矩阵的乘法

设 $\boldsymbol{A}\in\mathbf{R}^{n\times m}$，$\boldsymbol{B}\in\mathbf{R}^{m\times p}$，则 $\boldsymbol{A}$ 可用 $\boldsymbol{B}$ 右乘，或者说，$\boldsymbol{B}$ 可用 $\boldsymbol{A}$ 左乘，其乘积

$$\boldsymbol{AB}=\boldsymbol{C}=[c_{ij}]=\left[\sum_{k=1}^{m}a_{ik}b_{kj}\right],\quad i=1,2,\cdots,n;\quad j=1,2,\cdots,p \tag{2-2}$$

除个别情况外，矩阵的乘法是不可交换的，即 $\boldsymbol{AB}\neq\boldsymbol{BA}$；特别是，即使 $\boldsymbol{A}$ 与 $\boldsymbol{B}$ 可以相乘，但 $\boldsymbol{B}$ 与 $\boldsymbol{A}$ 也不一定可以相乘。

矩阵乘法适用结合律与分配律，即

$$(\boldsymbol{AB})\boldsymbol{C}=\boldsymbol{A}(\boldsymbol{BC})$$

$$(\boldsymbol{A}+\boldsymbol{B})\boldsymbol{C}=\boldsymbol{AC}+\boldsymbol{BC}$$

$$\boldsymbol{C}(\boldsymbol{A}+\boldsymbol{B})=\boldsymbol{CA}+\boldsymbol{CB}$$

4. 矩阵的幂

方阵 $\boldsymbol{A}$ 的 k 次方，由下式定义：

$$\boldsymbol{A}^k=\underbrace{\boldsymbol{AA}\cdots\boldsymbol{A}}_{k\text{个}\boldsymbol{A}}$$

并称为矩阵 $\boldsymbol{A}$ 的 k 次幂。对于对角线矩阵

$$\boldsymbol{A}=\mathrm{diag}(a_{11},a_{22},\cdots,a_{nn})$$

有

$$\boldsymbol{A}^k=\mathrm{diag}(a_{11}^k,a_{22}^k,\cdots,a_{nn}^k)$$

5. 矩阵的转置

矩阵和$(\boldsymbol{A}+\boldsymbol{B})$与矩阵积$(\boldsymbol{AB})$的转置矩阵，由下式给出：

$$(\boldsymbol{A}+\boldsymbol{B})^{\mathrm{T}}=\boldsymbol{A}^{\mathrm{T}}+\boldsymbol{B}^{\mathrm{T}}$$

$$(\boldsymbol{AB})^{\mathrm{T}}=\boldsymbol{B}^{\mathrm{T}}\boldsymbol{A}^{\mathrm{T}}$$

同样地，对于 $\boldsymbol{A}+\boldsymbol{B}$ 和 $\boldsymbol{AB}$ 的共轭转置矩阵，有如下结论：

$$(\boldsymbol{A}+\boldsymbol{B})^{\mathrm{H}}=\boldsymbol{A}^{\mathrm{H}}+\boldsymbol{B}^{\mathrm{H}}$$

$$(\boldsymbol{AB})^{\mathrm{H}}=\boldsymbol{B}^{\mathrm{H}}\boldsymbol{A}^{\mathrm{H}}$$

6. 矩阵的秩

如果矩阵 $\boldsymbol{A}$ 的 $m\times m$ 子矩阵 $\boldsymbol{M}$ 存在，且 $\boldsymbol{M}$ 的行列式不为零，而 $\boldsymbol{A}$ 的每一个 $r\times r$ 子矩阵$(r\geqslant m+1)$的行列式均为零，则矩阵 $\boldsymbol{A}$ 的秩为 m，表示为

$$\mathrm{rank}\,\boldsymbol{A}=m$$

7. 矩阵的迹

方阵 $\boldsymbol{A}$ 主对角线上元素之和定义为方阵 $\boldsymbol{A}$ 的迹，记作

$$\mathrm{tr}\,\boldsymbol{A}=a_{11}+a_{22}+\cdots+a_{nn}$$

2.1.2 矩阵变换

1. 子式

如果从 $n\times n$ 矩阵 $\boldsymbol{A}$ 中去掉第 i 行和第 j 列所得到的是一个$(n-1)\times(n-1)$矩阵，则把$(n-1)\times(n-1)$矩阵的行列式称为矩阵 $\boldsymbol{A}$ 的子式M_{ij}。

2. 代数余子式

矩阵 $\boldsymbol{A}$ 的元素 a_{ij} 的代数余子式A_{ij}，由下式定义：

$$A_{ij}=(-1)^{i+j}M_{ij}$$

3. 伴随矩阵

当矩阵 $\boldsymbol{B}$ 的第 i 行和第 j 列的元素等于矩阵 $\boldsymbol{A}$ 的代数余子式A_{ji}时，矩阵 $\boldsymbol{B}$ 称为矩阵 $\boldsymbol{A}$ 的伴随矩阵，记作

$$\boldsymbol{B}=[b_{ij}]=[A_{ji}]=\boldsymbol{A}^*$$

上式表明，$\boldsymbol{A}$ 的伴随矩阵是以 $\boldsymbol{A}$ 的代数余子式为元素所组成的矩阵的转置矩阵，即

$$\boldsymbol{A}^*=\begin{bmatrix} A_{11} & A_{21} & \cdots & A_{n1} \\ A_{12} & A_{22} & \cdots & A_{n2} \\ \vdots & \vdots & & \vdots \\ A_{1n} & A_{2n} & \cdots & A_{nn} \end{bmatrix}$$

可以证明，下列关系式成立：

$$\boldsymbol{A}\boldsymbol{A}^*=\boldsymbol{A}^*\boldsymbol{A}=|\boldsymbol{A}|\boldsymbol{I}$$

式中，$|\boldsymbol{A}|$表示矩阵 $\boldsymbol{A}$ 的行列式，$\boldsymbol{I}$ 为单位矩阵。

4. 逆矩阵

对于方阵 $\boldsymbol{A}$，如果存在矩阵 $\boldsymbol{B}$，使得 $\boldsymbol{AB}=\boldsymbol{BA}=\boldsymbol{I}$，则矩阵 $\boldsymbol{B}$ 称为矩阵 $\boldsymbol{A}$ 的逆矩阵，记作$\boldsymbol{A}^{-1}$。假若 $\boldsymbol{A}$ 的行列式不为零，即 $\boldsymbol{A}$ 是非奇异的，则矩阵 $\boldsymbol{A}$ 的逆矩阵$\boldsymbol{A}^{-1}$是存在的。

逆矩阵$\boldsymbol{A}^{-1}$有如下特性：

$$\boldsymbol{A}\boldsymbol{A}^{-1}=\boldsymbol{A}^{-1}\boldsymbol{A}=\boldsymbol{I},\quad (\boldsymbol{A}^{-1})^{-1}=\boldsymbol{A}$$

式中，$\boldsymbol{I}$ 为单位矩阵。

如果矩阵 $\boldsymbol{A}$ 非奇异，且 $\boldsymbol{AB}=\boldsymbol{C}$，则 $\boldsymbol{B}=\boldsymbol{A}^{-1}\boldsymbol{C}$。

如果矩阵 $\boldsymbol{A}$ 和 $\boldsymbol{B}$ 均是非奇异的，则乘积 $\boldsymbol{AB}$ 也是非奇异矩阵。此外，有

$$(\boldsymbol{AB})^{-1}=\boldsymbol{B}^{-1}\boldsymbol{A}^{-1}$$

矩阵的逆矩阵求法如下：如果

$$\boldsymbol{A}=\begin{bmatrix} a_{11} & a_{12} & \cdots & a_{1n} \\ a_{21} & a_{22} & \cdots & a_{2n} \\ \vdots & \vdots & & \vdots \\ a_{n1} & a_{n2} & \cdots & a_{nn} \end{bmatrix}$$

则矩阵的逆矩阵是其伴随矩阵除以该矩阵的行列式，即

$$\boldsymbol{A}^{-1}=\frac{\boldsymbol{A}^*}{|\boldsymbol{A}|}=\frac{1}{|\boldsymbol{A}|}\begin{bmatrix} A_{11} & A_{21} & \cdots & A_{n1} \\ A_{12} & A_{22} & \cdots & A_{n2} \\ \vdots & \vdots & & \vdots \\ A_{1n} & A_{2n} & \cdots & A_{nn} \end{bmatrix}$$

5. 矩阵的相消

矩阵相消在矩阵代数中是无效的。可以证明：如果 $\boldsymbol{A}$ 和 $\boldsymbol{B}$ 是不为零的矩阵，且 $\boldsymbol{AB}=\boldsymbol{0}$，则 $\boldsymbol{A}$ 和 $\boldsymbol{B}$ 一定是奇异矩阵；如果 $\boldsymbol{A}$ 为奇异矩阵，那么无论是 $\boldsymbol{AB}=\boldsymbol{AC}$ 还是 $\boldsymbol{BA}=\boldsymbol{CA}$，都不意味着 $\boldsymbol{B}=\boldsymbol{C}$；如果 $\boldsymbol{A}$ 是非奇异矩阵，则 $\boldsymbol{AB}=\boldsymbol{AC}$ 就意味着 $\boldsymbol{B}=\boldsymbol{C}$，以及 $\boldsymbol{BA}=\boldsymbol{CA}$，也意味着 $\boldsymbol{B}=\boldsymbol{C}$。

6. 矩阵和特征根

对于矩阵方程

$$\boldsymbol{y}=\boldsymbol{A}\boldsymbol{x}$$

式中，$\boldsymbol{y}\in\mathbf{R}^n$，$\boldsymbol{A}\in\mathbf{R}^{n\times n}$，$\boldsymbol{x}\in\mathbf{R}^n$。令 $\boldsymbol{y}=\lambda\boldsymbol{x}$，其中 λ 为标量，则有

$$(\lambda\boldsymbol{I}-\boldsymbol{A})\boldsymbol{x}=\boldsymbol{0}$$

当且仅当 $|\lambda\boldsymbol{I}-\boldsymbol{A}|=0$ 时，矩阵方程才有解。其中，$|\lambda\boldsymbol{I}-\boldsymbol{A}|$ 称为矩阵 $\boldsymbol{A}$ 的特征行列式，$|\lambda\boldsymbol{I}-\boldsymbol{A}|=0$ 称为特征方程。

对于特征方程的每个可能的特征根 $\lambda_i(i=1,2,\cdots,n)$，都有

$$(\lambda_i\boldsymbol{I}-\boldsymbol{A})\boldsymbol{x}_i=\boldsymbol{0}$$

式中，向量 $\boldsymbol{x}_i$ 是对应第 i 个特征根 λ_i 的特征向量。

2.1.3 矩阵微积分

1. 矩阵微积分的定义

设 $n\times m$ 矩阵 $\boldsymbol{A}(t)$ 的所有元素 $a_{ij}(t)$ 都具有对 t 的导数，则矩阵 $\boldsymbol{A}(t)$ 的微分定义为

$$\frac{\mathrm{d}}{\mathrm{d}t}\boldsymbol{A}(t)=\begin{bmatrix}\frac{\mathrm{d}}{\mathrm{d}t}a_{11}(t) & \frac{\mathrm{d}}{\mathrm{d}t}a_{12}(t) & \cdots & \frac{\mathrm{d}}{\mathrm{d}t}a_{1m}(t)\\ \frac{\mathrm{d}}{\mathrm{d}t}a_{21}(t) & \frac{\mathrm{d}}{\mathrm{d}t}a_{22}(t) & \cdots & \frac{\mathrm{d}}{\mathrm{d}t}a_{2m}(t)\\ \vdots & \vdots & & \vdots\\ \frac{\mathrm{d}}{\mathrm{d}t}a_{n1}(t) & \frac{\mathrm{d}}{\mathrm{d}t}a_{n2}(t) & \cdots & \frac{\mathrm{d}}{\mathrm{d}t}a_{nm}(t)\end{bmatrix}$$

同样地，$n\times m$ 矩阵 $\boldsymbol{A}(t)$ 的积分用下面矩阵定义：

$$\int\boldsymbol{A}(t)\mathrm{d}t=\begin{bmatrix}\int a_{11}(t)\mathrm{d}t & \int a_{12}(t)\mathrm{d}t & \cdots & \int a_{1m}(t)\mathrm{d}t\\ \int a_{21}(t)\mathrm{d}t & \int a_{22}(t)\mathrm{d}t & \cdots & \int a_{2m}(t)\mathrm{d}t\\ \vdots & \vdots & & \vdots\\ \int a_{n1}(t)\mathrm{d}t & \int a_{n2}(t)\mathrm{d}t & \cdots & \int a_{nm}(t)\mathrm{d}t\end{bmatrix}$$

2. 矩阵指数函数的微分

矩阵的指数函数定义为幂级数

$$\mathrm{e}^{\boldsymbol{A}} = I + \frac{\boldsymbol{A}}{1!} + \frac{\boldsymbol{A}^2}{2!} + \cdots + \frac{\boldsymbol{A}^k}{k!} + \cdots = \sum_{k=0}^{\infty} \frac{\boldsymbol{A}^k}{k!} \tag{2-3}$$

一个关于时间的矩阵指数函数定义为

$$\mathrm{e}^{\boldsymbol{A}t} = \sum_{k=0}^{\infty} \frac{\boldsymbol{A}^k t^k}{k!}$$

若矩阵指数函数对时间微分，则有

$$\frac{\mathrm{d}}{\mathrm{d}t}(\mathrm{e}^{\boldsymbol{A}t}) = \boldsymbol{A}\mathrm{e}^{\boldsymbol{A}t} = \mathrm{e}^{\boldsymbol{A}t}\boldsymbol{A}$$

3. 矩阵乘积的微分

如果矩阵 $\boldsymbol{A}(t)$ 和 $\boldsymbol{B}(t)$ 对 t 是可微的，则有

$$\frac{\mathrm{d}}{\mathrm{d}t}[\boldsymbol{A}(t)\boldsymbol{B}(t)] = \frac{\mathrm{d}\boldsymbol{A}(t)}{\mathrm{d}t}\boldsymbol{B}(t) + \boldsymbol{A}(t)\frac{\mathrm{d}\boldsymbol{B}(t)}{\mathrm{d}t}$$

4. 逆矩阵的微分

如果矩阵 $\boldsymbol{A}(t)$ 及其逆矩阵 $\boldsymbol{A}^{-1}(t)$ 对 t 是可微的，那么 $\boldsymbol{A}^{-1}(t)$ 的微分可以导出如下等式：

$$\frac{\mathrm{d}}{\mathrm{d}t}[\boldsymbol{A}(t)\boldsymbol{A}^{-1}(t)] = \frac{\mathrm{d}\boldsymbol{A}(t)}{\mathrm{d}t}\boldsymbol{A}^{-1}(t) + \boldsymbol{A}(t)\frac{\mathrm{d}\boldsymbol{A}^{-1}(t)}{\mathrm{d}t}$$

因为

$$\frac{\mathrm{d}}{\mathrm{d}t}[\boldsymbol{A}(t)\boldsymbol{A}^{-1}(t)] = \frac{\mathrm{d}}{\mathrm{d}t}\boldsymbol{I} = \boldsymbol{0}$$

故

$$\boldsymbol{A}(t)\frac{\mathrm{d}\boldsymbol{A}^{-1}(t)}{\mathrm{d}t} = -\frac{\mathrm{d}\boldsymbol{A}(t)}{\mathrm{d}t}\boldsymbol{A}^{-1}(t)$$

于是有

$$\frac{\mathrm{d}\boldsymbol{A}^{-1}(t)}{\mathrm{d}t} = -\boldsymbol{A}^{-1}(t)\frac{\mathrm{d}\boldsymbol{A}(t)}{\mathrm{d}t}\boldsymbol{A}^{-1}(t)$$

2.1.4 凯莱-哈密尔顿定理

为了研究线性系统的可控性和可观性，需应用凯莱-哈密尔顿定理及其推论，下面先介绍该定理。

凯莱-哈密尔顿定理 设 n 阶矩阵 $\boldsymbol{A}$ 的特征多项式为

$$f(\lambda) = |\lambda\boldsymbol{I} - \boldsymbol{A}| = \lambda^n + a_{n-1}\lambda^{n-1} + \cdots + a_1\lambda + a_0 \tag{2-4}$$

则矩阵 $\boldsymbol{A}$ 满足

$$f(\boldsymbol{A})=\boldsymbol{A}^n+a_{n-1}\boldsymbol{A}^{n-1}+\cdots+a_1\boldsymbol{A}+a_0\boldsymbol{I}=\boldsymbol{0} \tag{2-5}$$

证明 根据逆矩阵定义，有

$$(\lambda\boldsymbol{I}-\boldsymbol{A})^{-1}=\frac{\boldsymbol{B}(\lambda)}{|\lambda\boldsymbol{I}-\boldsymbol{A}|}=\frac{\boldsymbol{B}(\lambda)}{f(\lambda)} \tag{2-6}$$

式中，$\boldsymbol{B}(\lambda)$为 $\lambda\boldsymbol{I}-\boldsymbol{A}$ 的伴随矩阵。

方程式(2-6)两端右乘 $\lambda\boldsymbol{I}-\boldsymbol{A}$ 得

$$\boldsymbol{B}(\lambda)(\lambda\boldsymbol{I}-\boldsymbol{A})=f(\lambda)\boldsymbol{I} \tag{2-7}$$

由于 $\boldsymbol{B}(\lambda)$的元素都是 $\lambda\boldsymbol{I}-\boldsymbol{A}$ 代数余子式，均为 $n-1$ 次多项式，故根据矩阵加法运算规则，可将其分解为 n 个矩阵之和，即

$$\boldsymbol{B}(\lambda)=\lambda^{n-1}\boldsymbol{B}_{n-1}+\lambda^{n-2}\boldsymbol{B}_{n-2}+\cdots+\lambda\boldsymbol{B}_1+\boldsymbol{B}_0 \tag{2-8}$$

式中，$\boldsymbol{B}_{n-1},\cdots,\boldsymbol{B}_0$ 均为 $n-1$ 阶矩阵。

将式(2-4)和式(2-8)代入式(2—7)并展开两端，得

$$\begin{aligned}&\lambda^n\boldsymbol{B}_{n-1}+\lambda^{n-1}(\boldsymbol{B}_{n-2}-\boldsymbol{B}_{n-1}\boldsymbol{A})+\lambda^{n-2}(\boldsymbol{B}_{n-3}-\boldsymbol{B}_{n-2}\boldsymbol{A})+\cdots+\lambda(\boldsymbol{B}_0-\boldsymbol{B}_1\boldsymbol{A})-\boldsymbol{B}_0\boldsymbol{A}\\&=\lambda^n\boldsymbol{I}+a_{n-1}\lambda^{n-1}\boldsymbol{I}+\cdots+a_1\lambda\boldsymbol{I}+a_0\boldsymbol{I}\end{aligned} \tag{2-9}$$

利用两端 λ 同次项相等的条件，有

$$\begin{cases}\boldsymbol{B}_{n-1}=\boldsymbol{I}\\\boldsymbol{B}_{n-2}-\boldsymbol{B}_{n-1}\boldsymbol{A}=a_{n-1}\boldsymbol{I}\\\boldsymbol{B}_{n-3}-\boldsymbol{B}_{n-2}\boldsymbol{A}=a_{n-2}\boldsymbol{I}\\\vdots\\\boldsymbol{B}_0-\boldsymbol{B}_1\boldsymbol{A}=a_1\boldsymbol{I}\\-\boldsymbol{B}_0\boldsymbol{A}=a_0\boldsymbol{I}\end{cases} \tag{2-10}$$

将式(2-10)的前 n 个方程按顺序两端右乘 $\boldsymbol{A}^n,\boldsymbol{A}^{n-1},\boldsymbol{A}^{n-2},\cdots,\boldsymbol{A}$，可得

$$\begin{cases}\boldsymbol{B}_{n-1}\boldsymbol{A}^n=\boldsymbol{A}^n\\\boldsymbol{B}_{n-2}\boldsymbol{A}^{n-1}-\boldsymbol{B}_{n-1}\boldsymbol{A}^n=a_{n-1}\boldsymbol{A}^{n-1}\\\boldsymbol{B}_{n-3}\boldsymbol{A}^{n-2}-\boldsymbol{B}_{n-2}\boldsymbol{A}^{n-1}=a_{n-2}\boldsymbol{A}^{n-2}\\\vdots\\\boldsymbol{B}_0\boldsymbol{A}-\boldsymbol{B}_1\boldsymbol{A}^2=a_1\boldsymbol{A}\\-\boldsymbol{B}_0\boldsymbol{A}=a_0\boldsymbol{I}\end{cases} \tag{2-11}$$

将式(2-11)中各式相加，有

$$f(\boldsymbol{A})=\boldsymbol{A}^n+a_{n-1}\boldsymbol{A}^{n-1}+a_{n-2}\boldsymbol{A}^{n-2}+\cdots+a_1\boldsymbol{A}+a_0\boldsymbol{I}=\boldsymbol{0} \tag{2-12}$$

得证。

推论 1 矩阵 $\boldsymbol{A}^n$ 可表示为 $\boldsymbol{A}$ 的 $n-1$ 次多项式：

$$\boldsymbol{A}^n=-a_{n-1}\boldsymbol{A}^{n-1}-a_{n-2}\boldsymbol{A}^{n-2}-\cdots-a_1\boldsymbol{A}-a_0\boldsymbol{I} \tag{2-13}$$

$$\boldsymbol{A}^{n+1}=\boldsymbol{A}\boldsymbol{A}^n=-a_{n-1}\boldsymbol{A}^n-a_{n-2}\boldsymbol{A}^{n-1}-\cdots-a_1\boldsymbol{A}^2-a_0\boldsymbol{A}$$

$$=-a_{n-1}(-a_{n-1}\boldsymbol{A}^{n-1}-a_{n-2}\boldsymbol{A}^{n-2}-\cdots-a_1\boldsymbol{A}-a_0\boldsymbol{I})-a_{n-2}\boldsymbol{A}^{n-1}-\cdots-a_1\boldsymbol{A}^2-a_0\boldsymbol{A}$$
$$=(a_{n-1}^2-a_{n-2})\boldsymbol{A}^{n-1}+(a_{n-1}a_{n-2}-a_{n-3})\boldsymbol{A}^{n-2}+\cdots+(a_{n-1}a_2-a_1)\boldsymbol{A}^2$$
$$+(a_{n-1}a_1-a_0)\boldsymbol{A}+a_{n-1}a_0\boldsymbol{I}$$

故 $\boldsymbol{A}^k(k\geqslant n)$可一般表示为 $\boldsymbol{A}$ 的 $n-1$ 次多项式：

$$\boldsymbol{A}^k=\sum_{m=0}^{n-1}\alpha_m\boldsymbol{A}^m,\ k\geqslant n \tag{2-14}$$

式中，α_m 均与矩阵 $\boldsymbol{A}$ 的元素有关。

利用推论 1 可简化计算矩阵的幂。

推论 2　矩阵指数 $e^{\boldsymbol{A}t}$可表示为 $\boldsymbol{A}$ 的 $n-1$ 次多项式，即

$$e^{\boldsymbol{A}t}=\sum_{m=0}^{n-1}\alpha_m(t)\boldsymbol{A}^m \tag{2-15}$$

由于

$$e^{\boldsymbol{A}t}=\boldsymbol{I}+\boldsymbol{A}t+\frac{1}{2!}\boldsymbol{A}^2t^2+\cdots+\frac{1}{(n-1)!}\boldsymbol{A}^{n-1}t^{n-1}+\frac{1}{n!}\boldsymbol{A}^nt^n+\frac{1}{(n+1)!}\boldsymbol{A}^{n+1}t^{n+1}+\cdots+\frac{1}{k!}\boldsymbol{A}^kt^k+\cdots$$
$$=\boldsymbol{I}+\boldsymbol{A}t+\frac{1}{2!}\boldsymbol{A}^2t^2+\cdots+\frac{1}{(n-1)!}\boldsymbol{A}^{n-1}t^{n-1}+\frac{1}{n!}(-a_{n-1}\boldsymbol{A}^{n-1}-a_{n-2}\boldsymbol{A}^{n-2}-\cdots-a_2\boldsymbol{A}^2$$
$$-a_1\boldsymbol{A}-a_0\boldsymbol{I})t^n+\frac{1}{(n+1)!}[(a_{n-1}^2-a_{n-2})\boldsymbol{A}^{n-1}+(a_{n-1}a_{n-2}-a_{n-3})\boldsymbol{A}^{n-2}+\cdots$$
$$+(a_{n-1}a_2-a_1)\boldsymbol{A}^2+(a_{n-1}a_1-a_0)\boldsymbol{A}+a_{n-1}a_0\boldsymbol{I}]t^{n+1}+\cdots$$
$$=\alpha_0(t)\boldsymbol{I}+\alpha_1(t)\boldsymbol{A}+\alpha_2(t)\boldsymbol{A}^2+\cdots+\alpha_{n-1}(t)\boldsymbol{A}^{n-1}$$
$$=\sum_{m=0}^{n-1}\alpha_m(t)\boldsymbol{A}^m \tag{2-16}$$

式中

$$\begin{cases}\alpha_0(t)=1-\dfrac{1}{n!}a_0t^n+\dfrac{1}{(n+1)!}a_{n-1}a_0t^{n+1}+\cdots\\ \alpha_1(t)=t-\dfrac{1}{n!}a_1t^n+\dfrac{1}{(n+1)!}(a_{n-1}a_1-a_0)t^{n+1}+\cdots\\ \alpha_2(t)=\dfrac{1}{2!}t^2-\dfrac{1}{n!}a_2t^n+\dfrac{1}{(n+1)!}(a_{n-1}a_2-a_1)t^{n+1}+\cdots\\ \quad\vdots\\ \alpha_{n-1}(t)=\dfrac{1}{(n-1)!}t^{n-1}-\dfrac{1}{n!}a_{n-1}t^n+\dfrac{1}{(n+1)!}(a_{n-1}^2-a_{n-2})t^{n+1}+\cdots\end{cases} \tag{2-17}$$

它们均为幂函数。在时间区间$[0,t_i]$内，不同时刻构成的向量组$[\alpha_0(0),\cdots,\alpha_{n-1}(0)],\cdots,[\alpha_0(t_f),\cdots,\alpha_{n-1}(t_f)]$是线性无关向量组，这是因为其中任一向量都不能表示为其他向量的线性组合。

同理，可得

$$e^{-\boldsymbol{A}t}=\sum_{m=0}^{n-1}\alpha_m(t)\boldsymbol{A}^m \tag{2-18}$$

其中

$$\begin{cases} \alpha_0(t)=1-(-1)^n \dfrac{1}{n!}a_0 t^n+(-1)^{n+1}\dfrac{1}{(n+1)!}a_{n-1}a_0 t^{n+1}+\cdots \\ \quad\vdots \\ \alpha_{n-1}(t)=(-1)^{n-1}\dfrac{1}{(n+1)!}t^{n-1}-(-1)^n \dfrac{1}{n!}a_{n-1}t^n \\ \qquad +(-1)^{n+1}\dfrac{1}{(n+1)!}(a_{n-1}^2-a_{n-2})t^{n+1}+\cdots \end{cases} \tag{2-19}$$

2.1.5 状态转移矩阵

线性定常系统状态转移矩阵 $\boldsymbol{\Phi}(t-t_0)=\mathrm{e}^{\boldsymbol{A}(t-t_0)}$，它包含了系统运动的全部信息，可完全表征系统的运动特征。

1. 状态转移矩阵的定义条件

$\dot{\boldsymbol{\Phi}}(t-t_0)=\boldsymbol{A\Phi}(t-t_0),\quad t\geqslant t_0$

2. 状态转移矩阵的性质

(1)$\boldsymbol{\Phi}(0)=\boldsymbol{I}$；

(2)$\boldsymbol{\Phi}^{-1}(t-t_0)=\boldsymbol{\Phi}(t_0-t)$；

(3)$\boldsymbol{\Phi}(t_2-t_0)=\boldsymbol{\Phi}(t_2-t_1)\boldsymbol{\Phi}(t_1-t_0)$；

(4)$\boldsymbol{\Phi}(t_2+t_1)=\boldsymbol{\Phi}(t_2)\boldsymbol{\Phi}(t_1)$；

(5)$\boldsymbol{\Phi}(mt)=[\boldsymbol{\Phi}(t)]^m$。

3. 状态转移矩阵的计算

(1)幂级数法：

$$\boldsymbol{\Phi}(t-t_0)=\mathrm{e}^{\boldsymbol{A}(t-t_0)}=\boldsymbol{I}+\boldsymbol{A}(t-t_0)+\frac{1}{2!}\boldsymbol{A}^2(t-t_0)^2+\cdots+\frac{1}{n!}\boldsymbol{A}^n(t-t_0)^n+\cdots$$

此法计算步骤简单，便于编程，适合于计算机实现，但通常只能得到 $\mathrm{e}^{\boldsymbol{A}t}$ 的数值结果，一般难以获得其函数表达式。

(2)拉氏变换法：

$$\boldsymbol{\Phi}(t)=\mathrm{e}^{\boldsymbol{A}t}=\mathscr{L}^{-1}[(s\boldsymbol{I}-\boldsymbol{A})^{-1}]$$

(3)将矩阵化为对角规范型或约当规范型法：

首先将矩阵 $\boldsymbol{A}$ 化为对角矩阵或约当矩阵 $\boldsymbol{A}'=\boldsymbol{P}^{-1}\boldsymbol{AP}$，再由以下公式计算状态转移矩阵 $\boldsymbol{\Phi}(t)=\mathrm{e}^{\boldsymbol{A}t}$。

$$①\boldsymbol{\Phi}(t)=\mathrm{e}^{\boldsymbol{A}t}=\boldsymbol{P}\begin{bmatrix} e_1 t^{\lambda} & & & \boldsymbol{0} \\ & \mathrm{e}^{\lambda_2 t} & & \\ & & \ddots & \\ \boldsymbol{0} & & & \mathrm{e}^{\lambda_n t} \end{bmatrix}\boldsymbol{P}^{-1};$$

$$②\boldsymbol{\Phi}(t)=\mathrm{e}^{\boldsymbol{A}t}=\boldsymbol{P}\,\mathrm{e}^{\lambda t}\begin{bmatrix} 1 & t & \dfrac{t^2}{2!} & \cdots & \dfrac{1}{(n-1)!}t^{n-1} \\ & 1 & t & \cdots & \dfrac{1}{(n-2)!}t^{n-2} \\ & & \ddots & \ddots & \vdots \\ & & & \ddots & t \\ \boldsymbol{0} & & & & 1 \end{bmatrix}\boldsymbol{P}^{-1}。$$

(4)化 $\mathrm{e}^{\boldsymbol{A}t}$ 为 $\boldsymbol{A}$ 的有限项法：

$$\mathrm{e}^{\boldsymbol{A}t}=\alpha_0(t)\boldsymbol{I}+\alpha_1(t)\boldsymbol{A}+\cdots+\alpha_{n-1}(t)\boldsymbol{A}^{n-1}$$

①当矩阵 $\boldsymbol{A}$ 的特征值 $\lambda_1,\lambda_2,\cdots,\lambda_n$ 两两互异时，$\alpha_0(t),\alpha_1(t),\cdots,\alpha_{n-1}(t)$ 可按下式计算，即

$$\begin{bmatrix} \alpha_0(t) \\ \alpha_1(t) \\ \vdots \\ \alpha_{n-1}(t) \end{bmatrix}=\begin{bmatrix} 1 & \lambda_1 & \cdots & \lambda_1^{n-1} \\ 1 & \lambda_2 & \cdots & \lambda_2^{n-1} \\ \vdots & \vdots & & \vdots \\ 1 & \lambda_n & \cdots & \lambda_n^{n-1} \end{bmatrix}\begin{bmatrix} \mathrm{e}^{\lambda_1 t} \\ \mathrm{e}^{\lambda_2 t} \\ \vdots \\ \mathrm{e}^{\lambda_n t} \end{bmatrix}$$

②当 $\boldsymbol{A}$ 包含重特征值时，如其特征值为 λ_1(三重)，λ_2(二重)，$\lambda_3,\cdots,\lambda_{n-3}$ 时，$\alpha_0(t)$，$\alpha_1(t),\cdots,\alpha_{n-1}(t)$ 可按下式计算，即

$$\begin{bmatrix} \alpha_0(t) \\ \alpha_1(t) \\ \alpha_2(t) \\ \alpha_3(t) \\ \alpha_4(t) \\ \alpha_5(t) \\ \vdots \\ \alpha_{n-1}(t) \end{bmatrix}=\begin{bmatrix} 0 & 0 & 1 & 3\lambda_1 & \cdots & \dfrac{(n-1)(n-2)}{2!}\lambda_1^{n-3} \\ 0 & 1 & 2\lambda_1 & 3\lambda_1^2 & \cdots & \dfrac{n-1}{1!}\lambda_1^{n-2} \\ 1 & \lambda_1 & \lambda_1^2 & \lambda_1^3 & \cdots & \lambda_1^{n-1} \\ 0 & 1 & 2\lambda_2 & 3\lambda_2^2 & \cdots & \dfrac{n-1}{1!}\lambda_2^{n-2} \\ 1 & \lambda_2 & \lambda_2^2 & \lambda_2^3 & \cdots & \lambda_2^{n-1} \\ 1 & \lambda_3 & \lambda_3^2 & \lambda_3^3 & \cdots & \lambda_3^{n-1} \\ \vdots & \vdots & \vdots & \vdots & & \vdots \\ 1 & \lambda_{n-3} & \lambda_{n-3}^2 & \lambda_{n-3}^3 & \cdots & \lambda_{n-3}^{n-1} \end{bmatrix}\begin{bmatrix} \dfrac{1}{2!}t^2\mathrm{e}^{\lambda_1 t} \\ \dfrac{1}{1!}t\mathrm{e}^{\lambda_1 t} \\ \mathrm{e}^{\lambda_1 t} \\ \dfrac{1}{1!}t\mathrm{e}^{\lambda_2 t} \\ \mathrm{e}^{\lambda_2 t} \\ \mathrm{e}^{\lambda_3 t} \\ \vdots \\ \mathrm{e}^{\lambda_{n-3} t} \end{bmatrix}$$

2.1.6　状态向量的线性变换

对于给定的线性定常系统，选取不同的状态变量，便会有不同的状态空间表达式。

任意选取的两个状态向量 $\boldsymbol{x}$ 和 $\bar{\boldsymbol{x}}$ 之间实际上存在线性非奇异变换(又称坐标变换)关系,即

$$\boldsymbol{x}=\boldsymbol{P}\bar{\boldsymbol{x}} \quad 或 \quad \bar{\boldsymbol{x}}=\boldsymbol{P}^{-1}\boldsymbol{x} \tag{2-20}$$

式中,$\boldsymbol{P}\in \mathbf{R}^{n\times n}$ 为线性非奇异变换矩阵,$\boldsymbol{P}^{-1}$ 为 $\boldsymbol{P}$ 的逆矩阵。记

$$\boldsymbol{P}=\begin{bmatrix} p_{11} & p_{12} & \cdots & p_{1n} \\ p_{21} & p_{22} & \cdots & p_{2n} \\ \vdots & \vdots & & \vdots \\ p_{n1} & p_{n2} & \cdots & p_{nn} \end{bmatrix}$$

于是有以下线性方程组:

$$\begin{cases} x_1=p_{11}\bar{x}_1+p_{12}\bar{x}_2+\cdots+p_{1n}\bar{x}_n \\ x_2=p_{21}\bar{x}_1+p_{22}\bar{x}_2+\cdots+p_{2n}\bar{x}_n \\ \quad\vdots \\ x_n=p_{n1}\bar{x}_1+p_{n2}\bar{x}_2+\cdots+p_{nn}\bar{x}_n \end{cases}$$

$x_1,x_2,\cdots,x_n$ 就是 $\bar{x}_1,\bar{x}_2,\cdots,\bar{x}_n$ 的线性组合,并且这种组合具有唯一的对应关系。由此可见,尽管状态变量的选择不同,但状态变量 $\boldsymbol{x}$ 和 $\bar{\boldsymbol{x}}$ 均能完全描述同一系统的行为。

状态变量 $\boldsymbol{x}$ 和 $\bar{\boldsymbol{x}}$ 的变换,称为状态的线性变换或等价变换,其实质是状态空间的基底变换,也是一种坐标变换,即状态变量 $\boldsymbol{x}$ 在标准基下的坐标为 $[x_1,x_2,\cdots,x_n]^{\mathrm{T}}$,而在另一组基底 $\boldsymbol{P}=[\boldsymbol{p}_1,\boldsymbol{p}_2,\cdots,\boldsymbol{p}_n]^{\mathrm{T}}$ 下的坐标为 $[\bar{x}_1,\bar{x}_2,\cdots,\bar{x}_n]^{\mathrm{T}}$。

状态向量线性变换后,其状态空间表达式也发生变换。设线性定常系统的状态空间表达式为

$$\begin{cases} \dot{\boldsymbol{x}}=\boldsymbol{A}\boldsymbol{x}+\boldsymbol{B}\boldsymbol{u} \\ \boldsymbol{y}=\boldsymbol{C}\boldsymbol{x}+\boldsymbol{D}\boldsymbol{u} \end{cases} \tag{2-21}$$

状态向量的线性变换为

$$\boldsymbol{x}=\boldsymbol{P}\bar{\boldsymbol{x}} \quad 或 \quad \bar{\boldsymbol{x}}=\boldsymbol{P}^{-1}\boldsymbol{x} \tag{2-22}$$

式中,$\boldsymbol{P}\in \mathbf{R}^{n\times n}$ 为线性非奇异变换矩阵,代入式(2-21)有

$$\begin{cases} \dot{\bar{\boldsymbol{x}}}=\boldsymbol{P}^{-1}\boldsymbol{A}\boldsymbol{P}\bar{\boldsymbol{x}}+\boldsymbol{P}^{-1}\boldsymbol{B}\boldsymbol{u}=\bar{\boldsymbol{A}}\bar{\boldsymbol{x}}+\bar{\boldsymbol{B}}\boldsymbol{u} \\ \boldsymbol{y}=\boldsymbol{C}\boldsymbol{P}\bar{\boldsymbol{x}}+\boldsymbol{D}\boldsymbol{u}=\bar{\boldsymbol{C}}\bar{\boldsymbol{x}}+\bar{\boldsymbol{D}}\boldsymbol{u} \end{cases} \tag{2-23}$$

其中,$\bar{\boldsymbol{A}}=\boldsymbol{P}^{-1}\boldsymbol{A}\boldsymbol{P}$,$\bar{\boldsymbol{B}}=\boldsymbol{P}^{-1}\boldsymbol{B}$,$\bar{\boldsymbol{C}}=\boldsymbol{C}\boldsymbol{P}$ 和 $\bar{\boldsymbol{D}}=\boldsymbol{D}$。

式(2-23)是以 $\bar{\boldsymbol{x}}$ 为状态变量的状态空间表达式,与式(2-20)描述的是同一系统,具有相同的维数,称它们为状态空间表达式的线性变换。由于线性变换矩阵 $\boldsymbol{P}$ 是非奇异的,因此,状态空间表达式中的系统矩阵 $\boldsymbol{A}$ 与 $\bar{\boldsymbol{A}}$ 是相似矩阵,它们具有相同的基本特性:行列式相同、秩相同、特征多项式相同以及特征值相同等。

下面证明一结论:状态空间表达式的线性变换并不改变系统的传递函数阵,即传递

函数阵的不变性。

证明　对于式(2-23)所示的系统，其传递函数阵为

$$\begin{aligned}\overline{\boldsymbol{W}}(s)&=\overline{\boldsymbol{C}}(s\boldsymbol{I}-\overline{\boldsymbol{A}})^{-1}\overline{\boldsymbol{B}}+\overline{\boldsymbol{D}}\\&=\boldsymbol{CP}(s\boldsymbol{I}-\boldsymbol{P}^{-1}\boldsymbol{AP})\boldsymbol{P}^{-1}\boldsymbol{B}+\boldsymbol{D}\\&=\boldsymbol{CP}(\boldsymbol{P}^{-1}s\boldsymbol{P}-\boldsymbol{P}^{-1}\boldsymbol{AP})\boldsymbol{P}^{-1}\boldsymbol{B}+\boldsymbol{D}\\&=\boldsymbol{CPP}^{-1}(s\boldsymbol{I}-\boldsymbol{A})^{-1}\boldsymbol{PP}^{-1}\boldsymbol{B}+\boldsymbol{D}\\&=\boldsymbol{C}(s\boldsymbol{I}-\boldsymbol{A})^{-1}\boldsymbol{B}+\boldsymbol{D}=\overline{\boldsymbol{W}}(s)\end{aligned}$$

可见，对于同一系统，虽然状态空间表达式的形式不唯一，但传递函数阵唯一。

2.1.7　系统特征值与特征向量

1. 系统特征值与特征向量的定义

对于线性定常系统

$$\begin{cases}\dot{\boldsymbol{x}}=\boldsymbol{Ax}+\boldsymbol{Bu}\\\boldsymbol{y}=\boldsymbol{Cx}+\boldsymbol{Du}\end{cases}\tag{2-24}$$

则

$$|\lambda\boldsymbol{I}-\boldsymbol{A}|=\det(\lambda\boldsymbol{I}-\boldsymbol{A})=\lambda^n+a_{n-1}\lambda^{n-1}+\cdots+a_1\lambda^n+a_0\tag{2-25}$$

称为系统的特征多项式。令其等于零，即得到系统的特征方程

$$|\lambda\boldsymbol{I}-\boldsymbol{A}|=\lambda^n+a_{n-1}\lambda^{n-1}+\cdots+a_1\lambda^n+a_0=0\tag{2-26}$$

式中，$\boldsymbol{A}\in\mathbf{R}^{n\times n}$为系统矩阵；特征方程的根 $\lambda_i(i=1,2,\cdots,n)$称为系统的特征值。

设 $\lambda_i(i=1,2,\cdots,n)$为系统的一个特征值，若存在一个 n 维非零向量$\boldsymbol{p}_i$，满足

$$\boldsymbol{Ap}_i=\lambda_i\boldsymbol{p}_i\quad 或\quad (\boldsymbol{A}-\lambda_i\boldsymbol{I})\boldsymbol{p}_i=\boldsymbol{0}\tag{2-27}$$

则称向量 $\boldsymbol{p}_i$ 为系统对应于特征值λ_i 的特征向量。

2. 系统特征值的不变性

系统经线性非奇异变换后，其特征多项式不变，特征值也不变。

证明　对于线性定常系统

$$\begin{cases}\dot{\boldsymbol{x}}=\boldsymbol{Ax}+\boldsymbol{Bu}\\\boldsymbol{y}=\boldsymbol{Cx}+\boldsymbol{Du}\end{cases}$$

系统线性变换为

$$\boldsymbol{x}=\boldsymbol{P}\overline{\boldsymbol{x}}$$

式中，$\boldsymbol{P}\in\mathbf{R}^{n\times n}$为线性非奇异变换矩阵。

线性变换后系统的特征多项式为

$$|\lambda\boldsymbol{I}-\overline{\boldsymbol{A}}|=|\lambda\boldsymbol{I}-\boldsymbol{P}^{-1}\boldsymbol{AP}|=|\boldsymbol{P}^{-1}\lambda\boldsymbol{P}-\boldsymbol{P}^{-1}\boldsymbol{AP}|=|\boldsymbol{P}^{-1}(\lambda\boldsymbol{I}-\boldsymbol{A})\boldsymbol{P}|$$

$$=|\boldsymbol{P}^{-1}||\lambda\boldsymbol{I}-\boldsymbol{A}||\boldsymbol{P}|=|\lambda\boldsymbol{I}-\boldsymbol{A}|$$

上式表明，系统线性非奇异变换前后的特征多项式、特征值保持不变。

2.1.8 标量函数的符号性质

设 $V(\boldsymbol{x})$ 为由 n 维矢量 $\boldsymbol{x}$ 所定义的标量函数，$\boldsymbol{x}\in\boldsymbol{\Omega}$，且在 $\boldsymbol{x}=\boldsymbol{0}$ 处，恒有 $V(\boldsymbol{x})=0$。对于所有在域 $\boldsymbol{\Omega}$ 中的任何非零矢量 $\boldsymbol{x}$，有下列命题。

(1)若 $V(\boldsymbol{x})>0$，则称 $V(\boldsymbol{x})$ 为正定的。例如，$V(\boldsymbol{x})=x_1^2+x_2^2$。

(2)若 $V(\boldsymbol{x})\geqslant 0$，则称 $V(\boldsymbol{x})$ 为半正定(或非负定)的。例如，$V(\boldsymbol{x})=(x_1+x_2)^2$。

(3)若 $V(\boldsymbol{x})<0$，则称 $V(\boldsymbol{x})$ 为负定的。例如，$V(\boldsymbol{x})=-(x_1^2+2x_2^2)$。

(4)若 $V(\boldsymbol{x})\leqslant 0$，则称 $V(\boldsymbol{x})$ 为半负定(或非正定)的。例如，$V(\boldsymbol{x})=-(x_1+x_2)^2$。

(5)若 $V(\boldsymbol{x})>0$ 或 $V(\boldsymbol{x})<0$，则称 $V(\boldsymbol{x})$ 为不定的。例如，$V(\boldsymbol{x})=x_1+x_2$。

例 2.1 判别下列各函数的符号性质。

(1)设 $x=[x_1,x_2,x_3]^{\mathrm{T}}$，标量函数为 $V(\boldsymbol{x})=(x_1+x_2)^2+x_3^2$。

因为有 $V(\boldsymbol{0})=0$，而且对非零 $\boldsymbol{x}$，例如 $\boldsymbol{x}=[a,-a,0]^{\mathrm{T}}$ 也使 $V(\boldsymbol{x})=0$，所以 $V(\boldsymbol{x})$ 为半正定(或非负定)的。

(2)设 $\boldsymbol{x}=[x_1,x_2,x_3]^{\mathrm{T}}$，标量函数为 $V(\boldsymbol{x})=x_1^2+x_2^2$。

因为有 $V(\boldsymbol{0})=0$，而且当 $\boldsymbol{x}=[0,0,a]^{\mathrm{T}}$ 时也使 $V(\boldsymbol{x})=0$，所以 $V(\boldsymbol{x})$ 为半正定。

2.1.9 二次型标量函数

二次型函数在李雅普诺夫第二方法分析系统的稳定性中起着很重要的作用。

设 $x_1,x_2,\cdots,x_n$ 为 n 个变量，定义二次型标量函数为

$$V(\boldsymbol{x})=\boldsymbol{x}^{\mathrm{T}}\boldsymbol{P}\boldsymbol{x}=[x_1,x_2,\cdots,x_n]\begin{bmatrix}p_{11} & p_{12} & \cdots & p_{1n}\\ p_{21} & p_{22} & \cdots & p_{2n}\\ \vdots & \vdots & & \vdots\\ p_{n1} & p_{n2} & \cdots & p_{nn}\end{bmatrix}\begin{bmatrix}x_1\\ x_2\\ \vdots\\ x_n\end{bmatrix}$$

如果 $p_{ij}=p_{ji}$，则称 $\boldsymbol{P}$ 为实对称阵。例如

$$V(\boldsymbol{x})=x_1^2+2x_1x_2+x_2^2+x_3^2$$

$$=[x_1,x_2,x_3]\begin{bmatrix}1 & 1 & 0\\ 1 & 1 & 0\\ 0 & 0 & 1\end{bmatrix}\begin{bmatrix}x_1\\ x_2\\ x_3\end{bmatrix}$$

对二次型函数 $V(\boldsymbol{x})=\boldsymbol{x}^{\mathrm{T}}\boldsymbol{P}\boldsymbol{x}$，若 $\boldsymbol{P}$ 为实对称阵，则必存在正交矩阵 $\boldsymbol{T}$，通过变换 $\boldsymbol{x}=\boldsymbol{T}\bar{\boldsymbol{x}}$，使

之化成

$$V(\boldsymbol{x})=\boldsymbol{x}^{\mathrm{T}}\boldsymbol{P}\boldsymbol{x}=\overline{\boldsymbol{x}}^{\mathrm{T}}\ \boldsymbol{T}^{\mathrm{T}}\boldsymbol{P}\boldsymbol{T}\ \overline{\boldsymbol{x}}=\overline{\boldsymbol{x}}^{\mathrm{T}}(\boldsymbol{T}^{-1}\boldsymbol{P}\boldsymbol{T})\overline{\boldsymbol{x}}=\overline{\boldsymbol{x}}^{\mathrm{T}}\ \overline{\boldsymbol{P}}\ \overline{\boldsymbol{x}}$$

$$=\overline{\boldsymbol{x}}^{\mathrm{T}}\begin{bmatrix}\lambda_1 & & & \\ & \lambda_2 & & \\ & & \ddots & \\ & & & \lambda_n\end{bmatrix}\overline{\boldsymbol{x}}=\sum_{i=1}^{n}\lambda_i\,\overline{x}_i^2$$

称上式为二次型函数的标准形。它只包含变量的平方项，其中 $\lambda_i(i=1,2,\cdots,n)$ 为对称阵 $\boldsymbol{P}$ 的互异特征值，且均为实数，则 $V(\boldsymbol{x})$ 正定的充要条件是对称阵 $\boldsymbol{P}$ 的所有特征值 λ_i 均大于零。

矩阵 $\boldsymbol{P}$ 的符号性质定义如下：

设 $\boldsymbol{P}$ 为 $n\times n$ 实对称方阵，$V(\boldsymbol{x})=\boldsymbol{x}^{\mathrm{T}}\boldsymbol{P}\boldsymbol{x}$ 为由 $\boldsymbol{P}$ 所决定的二次型函数。

(1)若 $V(\boldsymbol{x})$ 正定，则称 $\boldsymbol{P}$ 为正定，记为 $\boldsymbol{P}>0$。

(2)若 $V(\boldsymbol{x})$ 负定，则称 $\boldsymbol{P}$ 为负定，记为 $\boldsymbol{P}<0$。

(3)若 $V(\boldsymbol{x})$ 半正定(非负定)，则称 $\boldsymbol{P}$ 为半正定(非负定)，记为 $\boldsymbol{P}\geqslant 0$。

(4)若 $V(\boldsymbol{x})$ 半负定(非正定)，则称 $\boldsymbol{P}$ 为半负定(非正定)，记为 $\boldsymbol{P}\leqslant 0$。

其中，矩阵 $\boldsymbol{P}$ 为正定的充分必要条件是其所有特征值为正或各阶主子式为正，即当 $|\lambda_i\boldsymbol{I}-\boldsymbol{P}|=0(i=1,2,\cdots,n)$ 时，$\lambda_i>0$，或

$$\Delta_1=p_{11}>0,\quad \Delta_2=\begin{vmatrix}p_{11} & p_{12}\\ p_{21} & p_{22}\end{vmatrix}>0,\quad \cdots$$

$$\Delta_n=\begin{vmatrix}p_{11} & p_{12} & \cdots & p_{1n}\\ p_{21} & p_{22} & \cdots & p_{2n}\\ \vdots & \vdots & & \vdots\\ p_{n1} & p_{n2} & \cdots & p_{nn}\end{vmatrix}>0$$

如果 $\boldsymbol{P}$ 为奇异矩阵，那么当其所有特征值非负或各阶主子式非负时，$\boldsymbol{P}$ 为半正定。

矩阵 $\boldsymbol{P}$ 为负定的充分必要条件是其所有特征值为负，或者奇数次主子式为负，偶数次主子式为正，即当 $|\lambda_i\boldsymbol{I}-\boldsymbol{P}|=0(i=1,2,\cdots,n)$ 时，$\lambda_i<0$，或

$$\Delta_1=p_{11}<0,\quad \Delta_2=\begin{vmatrix}p_{11} & p_{12}\\ p_{21} & p_{22}\end{vmatrix}>0,\quad \cdots$$

类似地，可定义奇异矩阵 $\boldsymbol{P}$ 的半负定条件：所有特征值为非正，或者奇数次主子式为非正、偶数次主子式为非负。

由此可见，矩阵 $\boldsymbol{P}$ 的符号性质与由其所决定的二次型函数 $V(\boldsymbol{x})=\boldsymbol{x}^{\mathrm{T}}\boldsymbol{P}\boldsymbol{x}$ 的符号性质完全一致。因此，要判别 $V(\boldsymbol{x})$ 的符号只要判别 $\boldsymbol{P}$ 的符号即可，而后者可由希尔维斯特(Sylvester)判据进行判定。

2.1.10 希尔维斯特判据

设实对称矩阵

$$\boldsymbol{P}=\begin{bmatrix} p_{11} & p_{12} & \cdots & p_{1n} \\ p_{21} & p_{22} & \cdots & p_{2n} \\ \vdots & \vdots & & \vdots \\ p_{n1} & p_{n2} & \cdots & p_{nn} \end{bmatrix}, \quad p_{ij}=p_{ji}$$

$\Delta_i(i=1,2,\cdots,n)$为其各阶顺序主子行列式：

$$\Delta_1=p_{11}, \quad \Delta_2=\begin{vmatrix} p_{11} & p_{12} \\ p_{21} & p_{22} \end{vmatrix}, \quad \cdots, \quad \Delta_n=|\boldsymbol{P}|$$

则矩阵 $\boldsymbol{P}$(或 $V(\boldsymbol{x})$)定号性的相关命题如下：

(1)若 $\Delta_i>0(i=1,2,\cdots,n)$，则 $\boldsymbol{P}$(或 $V(\boldsymbol{x})$)为正定的。

(2)若 $\Delta_i\begin{cases} >0, i \text{ 为偶数}, \\ <0, i \text{ 为奇数}, \end{cases}$ 则 $\boldsymbol{P}$(或 $V(\boldsymbol{x})$)为负定的。

(3)若 $\Delta_i\begin{cases} \geqslant 0, i=1,2,\cdots,n-1, \\ =0, i=n, \end{cases}$ 则 $\boldsymbol{P}$(或 $V(\boldsymbol{x})$)为半正定(非负定)的。

(4)若 $\Delta_i\begin{cases} \geqslant 0, i \text{ 为偶数}, \\ \leqslant 0, i \text{ 为奇数}, \\ =0, i=n, \end{cases}$ 则 $\boldsymbol{P}$(或 $V(\boldsymbol{x})$)为半负定(非正定)的。

2.2 z 变换

z 变换是从拉普拉斯变换直接引申出来的一种变换方法，它实际上是采样函数拉普拉斯变换的一种变形。因此，z 变换又称为采样拉普拉斯变换，是研究线性定常离散系统的重要数学工具。

2.2.1 z 变换定义

设连续函数 $e(t)$是可以进行拉普拉斯变换的，则

$$E(s)=\int_0^{+\infty} e(t)\mathrm{e}^{-st}\mathrm{d}t \tag{2-28}$$

由于 $t<0$，有 $e(t)=0$，故上式又可表示为

$$E(s)=\int_{-\infty}^{+\infty}e(t)\mathrm{e}^{-st}\,\mathrm{d}t \tag{2-29}$$

对于 $e(t)$ 的采样信号

$$e^*(t)=\sum_{n=0}^{+\infty}e(nT)\delta(t-nT)$$

其拉普拉斯变换为

$$E^*(s)=\int_{-\infty}^{+\infty}e^*(t)\mathrm{e}^{-st}\,\mathrm{d}t=\sum_{n=0}^{+\infty}\mathrm{e}(nT)\left[\int_{-\infty}^{+\infty}\delta(t-nT)e^{-st}\,\mathrm{d}t\right] \tag{2-30}$$

由广义脉冲函数的筛选性质

$$\int_{-\infty}^{+\infty}\delta(t-nT)f(t)\mathrm{d}t=f(nT)$$

故有

$$\int_{-\infty}^{+\infty}\delta(t-nT)\mathrm{e}^{-st}\,\mathrm{d}t=\mathrm{e}^{-snT}$$

于是，采样拉普拉斯变换可表示为

$$E^*(s)=\sum_{n=0}^{+\infty}e(nT)\mathrm{e}^{-snT}$$

令 $z=\mathrm{e}^{sT}$，其中 T 为采样周期，z 是复平面上定义的一个复变量，称为 z 变换算子。采样信号 $e^*(t)$ 的 z 变换定义为

$$E(z)=E^*(s)\Big|_{s=\frac{1}{T}\ln z}=\sum_{n=0}^{+\infty}e(nT)z^{-n}$$

记作

$$E(z)=Z[e^*(t)]=Z[e(t)]$$

注意：定义式中后一记号是为了书写方便，并不意味是连续信号 $e(t)$ 的 z 变换，而仍指采样信号 $e^*(t)$ 的 z 变换。

2.2.2　z 变换方法

1. 级数求和法

$$E(z)=\sum_{n=0}^{+\infty}e(nT)z^{-n}=e(0)+e(T)z^{-1}+e(2T)z^{-2}+\cdots+e(nT)z^{-n}+\cdots$$

上式是离散时间函数 $e^*(t)$ 的无穷级数表达形式。通常，对于常用函数 z 变换的级数形式，都可以写出其闭合形式。

2. 部分分式法

先求出已知连续时间函数 $e(t)$ 的拉普拉斯变换 $E(s)$，然后将有理分式函数 $E(s)$ 展

成部分分式之和的形式，使每一个部分分式对应简单的时间函数，其相应的 z 变换是已知的，于是可以查 z 变换表，方便地求出 $E(s)$对应的 z 变换 $E(z)$。

常用时间函数的 z 变换表如表 2-1 所示。由表可见，这些函数的 z 变换都是 z 的真有理分式，且 $E(z)$分母 z 多项式的最高次数与 $E(s)$分母 s 多项式的最高次数相等。

表 2-1　z 变换表

序号	拉普拉斯变换 $E(s)$	时间函数 $e(t)$	z 变换 $E(z)$
1	e^{-snT}	$\delta(t-nT)$	z^{-n}
2	1	$\delta(t)$	1
3	$\frac{1}{s}$	$1(t)$	$\frac{z}{z-1}$
4	$\frac{1}{s^2}$	t	$\frac{Tz}{(z-1)^2}$
5	$\frac{1}{s^3}$	$\frac{t^2}{2!}$	$\frac{T^2 z(z+1)}{2(z-1)^3}$
6	$\frac{1}{s^4}$	$\frac{t^2}{3!}$	$\frac{T^3 z(z^2+4z+1)}{6(z-1)^4}$
7	$\frac{1}{s-(1/T)\ln a}$	$a^{t/T}$	$\frac{z}{z-a}$
8	$\frac{1}{s+a}$	e^{-at}	$\frac{z}{z-e^{-aT}}$
9	$\frac{1}{(s+a)^2}$	te^{-at}	$\frac{Tze^{-aT}}{(z-e^{-aT})^2}$
10	$\frac{1}{(s+a)^3}$	$\frac{1}{2}t^2 e^{-at}$	$\frac{T^2 ze^{-aT}}{2(z-e^{-aT})^2}+\frac{T^2 ze^{-2aT}}{(z-e^{-aT})^3}$
11	$\frac{1}{s(s+a)}$	$1-e^{-at}$	$\frac{(1-e^{-aT})z}{(z-1)(z-e^{-aT})}$
12	$\frac{a}{s^2(s+a)}$	$t-\frac{1}{a}(1-e^{-at})$	$\frac{Tz}{(z-1)^2}-\frac{(1-e^{-aT})z}{a(z-1)(z-e^{-aT})}$
13	$\frac{1}{(s+a)(s+b)(s+c)}$	$\frac{e^{-at}}{(b-a)(c-a)}+\frac{e^{-bt}}{(a-b)(c-b)}+\frac{e^{-ct}}{(a-c)(b-c)}$	$\frac{z}{(b-a)(c-a)(z-e^{-aT})}+\frac{z}{(a-b)(c-b)(z-e^{-bT})}+\frac{z}{(a-c)(b-c)(z-e^{-cT})}$

续表

序号	拉普拉斯变换 $E(s)$	时间函数 $e(t)$	z 变换 $E(z)$
14	$\frac{s+d}{(s+a)(s+b)(s+c)}$	$\frac{d-a}{(b-a)(c-a)}e^{-at}+\frac{d-b}{(a-b)(c-b)}e^{-bt}+\frac{d-c}{(a-c)(b-c)}e^{-ct}$	$\frac{(d-a)z}{(b-a)(c-a)(z-e^{-aT})}+\frac{(d-b)z}{(a-b)(c-b)(z-e^{-bT})}+\frac{(d-c)z}{(a-c)(b-c)(z-e^{-cT})}$
15	$\frac{abc}{s(s+a)(s+b)(s+c)}$	$1-\frac{bc}{(b-a)(c-a)}e^{-at}-\frac{ca}{(c-b)(a-b)}e^{-bt}-\frac{ab}{(a-c)(b-c)}e^{-ct}$	$\frac{z}{z-1}-\frac{bcz}{(b-a)(c-a)(z-e^{-aT})}-\frac{caz}{(c-b)(a-b)(z-e^{-bT})}-\frac{abz}{(a-c)(b-c)(z-e^{-cT})}$
16	$\frac{\omega}{s^2+\omega^2}$	$\sin\omega t$	$\frac{z\sin\omega T}{z^2-2z\cos\omega T+1}$
17	$\frac{s}{s^2+\omega^2}$	$\cos\omega t$	$\frac{z(z-\cos\omega T)}{z^2-2z\cos\omega T+1}$
18	$\frac{\omega}{s^2-\omega^2}$	$\sinh\omega t$	$\frac{z\sinh\omega T}{z^2-2z\cosh\omega T+1}$
19	$\frac{s}{s^2-\omega^2}$	$\cosh\omega t$	$\frac{z(z-\cosh\omega T)}{z^2-2z\cosh\omega T+1}$
20	$\frac{\omega^2}{s(s^2+\omega^2)}$	$1-\cos\omega t$	$\frac{z}{z-1}-\frac{z(z-\cos\omega T)}{z^2-2z\cos\omega T+1}$
21	$\frac{\omega}{(s+a)^2+\omega^2}$	$e^{-at}\sin\omega t$	$\frac{ze^{-at}\sin\omega T}{z^2-2ze^{-at}\cos\omega T+e^{-2aT}}$
22	$\frac{s+a}{(s+a)^2+\omega^2}$	$e^{-at}\cos\omega t$	$\frac{z^2-ze^{-aT}\cos\omega T}{z^2-2ze^{-aT}\cos\omega T+e^{-2aT}}$
23	$\frac{b-a}{(s+a)(s+b)}$	$e^{-at}-e^{-bt}$	$\frac{z}{z-e^{-aT}}-\frac{z}{z-e^{-bT}}$
24	$\frac{a^2b^2}{s^2(s+a)(s+b)}$	$abt-(a+b)-\frac{b^2}{a-b}e^{-at}+\frac{a^2}{a-b}e^{-bt}$	$\frac{abTz}{(z-1)^2}-\frac{(a+b)z}{z-1}-\frac{b^2z}{(a-b)(z-e^{-aT})}+\frac{a^2z}{(a-b)(z-e^{-aT})}$

2.2.3 z 变换性质

1. 线性定理

若 $E_1(z)=Z[e_1(t)]$，$E_2(z)=Z[e_2(t)]$，a 为常数，则

$$Z[e_1(t)\pm e_2(t)]=E_1(z)\pm E_2(z)$$

$$Z[ae(t)]=aE(z)$$

式中，$E(z)=Z[e(t)]$。

2. 实数位移定理

实数位移定理又称平移定理。实数位移的含义，是整个采样序列在时间轴上左右平移若干个采样周期，其中向左平移为超前，向右平移为滞后。

如果函数 $e(t)$ 是可以拉普拉斯变换的，其 z 变换为 $E(z)$，则有

$$Z[e(t-kT)]=z^{-k}E(z)$$

$$Z[e(t+kT)]=z^{k}\left[E(z)-\sum_{n=0}^{k-1}e(nT)z^{-n}\right]$$

3. 复数位移定理

如果函数 $e(t)$ 是可以拉普拉斯变换的，其 z 变换为 $E(z)$，则有

$$Z[\mathrm{e}^{\mp at}e(t)]=E(z\mathrm{e}^{\pm aT})$$

4. 终值定理

如果函数 $e(t)$ 的 z 变换为 $E(z)$，函数序列 $e(nT)(n=0,1,2,\cdots)$ 为有限值，且极限 $\lim\limits_{n\to\infty}e(nT)$ 存在，则函数序列的终值

$$\lim_{n\to\infty}e(nT)=\lim_{z\to1}(z-1)E(z)$$

5. 卷积定理

设 $x(nT)$ 和 $y(nT)$ 为两个采样函数，其离散卷积积分定义为

$$x(nT)*y(nT)=\sum_{k=0}^{+\infty}x(kT)y[(n-k)T]$$

若

$$g(nT)=x(nT)*y(nT)$$

必有

$$G(z)=X(z)\cdot Y(z)$$

其中

$$X(z)=\sum_{k=0}^{+\infty}x(kT)z^{-k},\quad Y(z)=\sum_{n=0}^{+\infty}y(nT)z^{-n}$$

$$G(z)=Z[g(nT)]=Z[x(nT)*y(nT)]$$

2.2.4　z 反变换

所谓 z 反变换，即由已知 z 变换表达式 $E(z)$ 求相应离散序列 $e(nT)$ 的过程，记为

$$e(nT)=Z^{-1}[E(z)]$$

进行 z 反变换时，信号序列仍是单边的，即当 $n<0$ 时，$e(nT)=0$ 常用的 z 反变换法有如下三种。

1. 部分分式法

部分分式法又称查表法，需要把 $E(z)$ 展成部分分式以便查表。考虑到 z 变换表中，所有 z 变换函数 $E(z)$ 在其分子上普遍都有因子 z，所以应将 $E(z)/z$ 展成部分分式，然后将所得结果的每一项都乘以 z，即得 $E(z)$ 的部分分式展开式。

设已知的 z 变换函数 $E(z)$ 无重极点，求出 $E(z)$ 的极点为 $z_1,z_2,\cdots,z_n$，再将 $E(z)/z$ 展成

$$\frac{E(z)}{z}=\sum_{i=1}^{n}\frac{A_i}{z-z_i}$$

式中，A_i 为 $E(z)/z$ 在极点 z_i 处的留数，再由上式写出 $E(z)$ 的部分分式展开式

$$E(z)=\frac{A_iz}{z-z_i}$$

然后逐项查 z 变换表，得到

$$e_i(nT)=Z^{-1}\left[\frac{A_iz}{z-z_i}\right],\quad i=1,2,\cdots,n$$

最后写出 $E(z)$ 对应的采样函数

$$e^*(t)=\sum_{n=0}^{+\infty}\sum_{i=1}^{n}e_i(nT)\delta(t-nT)$$

2. 幂级数法

幂级数法又称综合除法。由 z 变换表可知，z 变换函数 $E(z)$ 可以表示为

$$E(z)=\frac{b_0+b_1z^{-1}+b_2z^{-2}+\cdots+b_mz^{-m}}{1+a_1z^{-1}+a_2z^{-2}+\cdots+a_nz^{n}},\quad m\leqslant n$$

式中，$a_i(i=1,2,\cdots,n)$ 和 $b_j(j=0,1,\cdots,m)$ 均为常系数。对上式表达的 $E(z)$ 作综合除法，得到按 z^{-1} 升幂排列的幂级数展开式

$$E(z)=c_0+c_1z^{-1}+c_2z^{-2}+\cdots+c_nz^{-n}+\cdots=\sum_{n=0}^{+\infty}c_nz^{-n}$$

如果所得到的无穷幂级数是收敛的，则由 z 变换定义可知，幂级数展开式中的系数 $c_n(n=0,1,\cdots,n)$ 就是采用脉冲序列 $e^*(t)$ 的脉冲强度 $e(nT)$。因此，可得 $E(z)$ 对应的采样函数

$$e^*(t)=\sum_{n=0}^{+\infty}c_n\delta(t-nT)$$

3. 反演积分法

反演积分法又称留数法。当 z 变换函数 $E(z)$ 为超越函数时，无法应用部分分式法及幂级数法求 z 反变换，而只能采用反演积分法。当然，反演积分法对 $E(z)$ 为真有理分式的情况也是适用的。由于 $E(z)$ 的幂级数展开式为

$$E(z)=\sum_{n=0}^{+\infty}e(nT)z^{-n}=e(0)+e(T)z^{-1}+e(2T)z^{-2}+\cdots+e(nT)z^{-n}+\cdots$$

所以函数 $E(z)$ 可以看成是 z 平面上的劳伦级数。级数的各系数 $e(nT)$，$n=0,1,\cdots$ 可以由积分的方法求出。因为在求积分值时要应用柯西留数定理，故也称留数法。用 z^{n-1} 乘以幂级数展开式两端，得

$$E(z)z^{n-1}=e(0)z^{n-1}+e(T)z^{n-2}+\cdots+e(nT)z^{-1}+\cdots$$

设 Γ 为 z 平面上包围 $E(z)z^{n-1}$ 全部极点的封闭曲线，且设沿反时针方向对上式两端同时积分，可得

$$\oint_\Gamma E(z)z^{n-1}\mathrm{d}z=\oint_\Gamma e(0)z^{n-1}\mathrm{d}z+\oint_\Gamma e(T)z^{n-2}\mathrm{d}z+\cdots+\oint_\Gamma e(nT)z^{-1}\mathrm{d}z+\cdots$$

由复变函数论可知，对于围绕原点的积分闭路，有如下关系式：

$$\oint_\Gamma z^k\mathrm{d}z=\begin{cases}0, & k\neq n\\ 2\pi\mathrm{j}, & k=n\end{cases}$$

因此在积分式中，除

$$\oint_\Gamma e(nT)z^{-1}\mathrm{d}z=e(nT)\cdot 2\pi\mathrm{j}$$

外，其余各项均为零。由此得到反演公式

$$e(nT)=\frac{1}{2\pi\mathrm{j}}\oint_\Gamma E(z)z^{n-1}\mathrm{d}z$$

根据柯西留数定理，设函数 $E(z)z^{n-1}$ 除有限极点 $z_1,z_2,\cdots,z_k$ 外，在域 G 上是解析的。如果有闭合路径 Γ 包含了这些极点，则有

$$e(nT)=\frac{1}{2\pi\mathrm{j}}\oint_\Gamma E(z)z^{n-1}\mathrm{d}z=\sum_{i=1}^{k}\mathrm{Res}[E(z)z^{n-1}]_{z\to z_i}$$

式中，$\mathrm{Res}[E(z)z^{n-1}]_{z\to z_i}$ 表示函数 $E(z)z^{n-1}$ 在极点 z_i 处的留数。因此，$E(z)$ 对应的采样函数为

$$e^*(t)=\sum_{n=0}^{+\infty}e(nT)\delta(t-nT)$$

2.3　泛函及其变分法

1. 泛函定义

假设 $F=\{x(t)\}$ 是给定的同一类函数，**R** 是实数集合，如果对于 F 中的每一个函数 $x(t)$，在 **R** 中有一个变量 J 按照一定的规律与之对应，则 J 为依赖于函数 $x(t)$ 变化的函数，称为 $x(t)$ 的泛函，记作 $J[x(t)]$，$x(t)$ 称为泛函 $J[x(t)]$ 的宗量，类函数 $F=\{x(t)\}$ 称为泛函的定义域，定义域内的所有函数 $x(t)$ 称为容许函数。

根据上述定义，泛函 $J[x(t)]$ 的值是数，而它的自变量是函数 $x(t)$，而 $x(t)$ 又有自变量 t。泛函 $J[x(t)]$ 的值既不取决于 t 的某个值，也不取决于 $x(t)$ 的某个值，而是取决于整个函数 $x(t)$ 及其自变量 t 的变化区间。

(1)线性泛函：具有可叠加性与齐次性的泛函称为线性泛函，即

①$J[x_1(t)+x_2(t)]=J[x_1(t)]+J[x_2(t)]$(可叠加性)；

②$J[cx(t)]=cJ[x(t)]$(齐次性)，其中 c 为常数。

(2)二次型泛函：具有下列特性的泛函称为二次型泛函，即

①$J[x_1(t)]+J[x_2(t)]=\frac{1}{2}\{J[x_1(t)+x_2(t)]+J[x_1(t)-x_2(t)]\}$；

②$J[cx(t)]=c^2J[x(t)]$，其中 c 为常数。

2. 宗量变分

宗量函数 $x(t)$ 与另一宗量函数 $\bar{x}(t)$ 之差称为宗量 $x(t)$ 在 $\bar{x}(t)$ 上的变分，记为 δx，即

$$\delta x=x(t)-\bar{x}(t)$$

函数变分 δx 与函数增量 Δx 是两个完全不同的概念。当 t 固定时，δx 是两个函数值 $x(t)$ 与 $\bar{x}(t)$ 之差，而 Δx 是函数 $x(t)$ 在 t 处由其自变量增量 Δt 产生的增量，即

$$\Delta x=x(t+\Delta t)-x(t)$$

3. 泛函 $J[x(t)]$ 的变分

如果由宗量变分 δx 引起的泛函增量可表示为

$$\Delta J[x(t)]=J[x(t)+\delta x]-J[x(t)]=L[x(t),\delta x]+o(\delta x)$$

其中，$L[x(t),\delta x]$ 与 δx 呈线性关系，$o(\delta x)$ 是 δx 的高阶无穷小，即

$$\lim_{\max\|\delta x\|\to 0}\frac{o(\delta x)}{\|\delta x\|}\to 0$$

则 $L[x(t),\delta x]$ 是泛函增量的线性主部，称为泛函 $J[x(t)]$ 在 $x(t)$ 上由宗量变分 δx 所引

起的变分，记作 δJ，并且

$$\delta J=\lim_{\varepsilon\to 0}\frac{\partial}{\partial\varepsilon}J\left[x(t)+\varepsilon\delta x\right]$$

显然，上式极限可化为

$$\delta J=\frac{\partial J[x(t)]}{\partial x}\delta x$$

4. 泛函 $J[x(t)]$ 的极值

若宗量 $\bar{x}(t)$ 与邻近的任一容许宗量 $x(t)$ 上的泛函值满足

$$J[x(t)]-J[\bar{x}(t)]\geqslant 0$$

则称泛函 $J[x(t)]$ 在 $\bar{x}(t)$ 上取得极小值，$\bar{x}(t)$ 称为极值函数，其变化曲线称为极值轨线。

类似地，可定义泛函的极大值。

泛函在 $\bar{x}(t)$ 上存在极值的必要条件是

$$\delta J[\bar{x}(t)]=0$$

此时，$\bar{x}(t)$ 称为逗留函数或平稳函数，$J[\bar{x}(t)]$ 称为驻值或平稳值。

5. 泛函变分规则

(1)两泛函 $J_1[x(t)]$ 与 $J_2[x(t)]$ 线性和的变分：

$$\delta(J_1+J_2)=\delta J_1+\delta J_2$$

(2)两泛函 $J_1[x(t)]$ 与 $J_2[x(t)]$ 乘积的变分：

$$\delta(J_1\cdot J_2)=\delta J_1\cdot J_2+J_1\cdot\delta J_2$$

(3)两泛函 $J_1[x(t)]$ 与 $J_2[x(t)]$ 商的变分：

$$\delta\left(\frac{J_1}{J_2}\right)=\frac{\delta J_1\cdot J_2-J_1\cdot\delta J_2}{J_2^2}$$

(4)泛函导数的变分：

$$\delta\,\frac{\mathrm{d}^n J[x]}{\mathrm{d}t^n}=\frac{\mathrm{d}^n}{\mathrm{d}t^n}\delta J[x]$$

(5)泛函积分的变分：

$$\delta\int_{t_0}^{t}J[x]\mathrm{d}t=\int_{t_0}^{t}\delta J[x]\mathrm{d}t=\int_{t_0}^{t}\left(\frac{\partial J[x]}{\partial x}\delta x\right)\mathrm{d}t$$

$$\delta\int_{t_0}^{t}J[x,\dot{x}]\mathrm{d}t=\int_{t_0}^{t}\delta J[x,\dot{x}]\mathrm{d}t=\int_{t_0}^{t}\left(\frac{\partial J[x]}{\partial x}\delta x+\frac{\partial J[x]}{\partial\dot{x}}\delta\dot{x}\right)\mathrm{d}t$$

(6)多宗量泛函及其变分：

拥有两个以上宗量的泛函称为多宗量泛函。例如，

$$J[\boldsymbol{x}]=J[x_1(t),x_2(t),\cdots,x_n(t)]$$

$$J[\boldsymbol{x}(t),\boldsymbol{u}(t)]=J[x_1(t),x_2(t),\cdots,x_n(t),u_1(t),u_2(t),\cdots,u_p(t)]$$

等均为多宗量泛函。

多宗量泛函的变分为

$$\delta J[\boldsymbol{x},\dot{\boldsymbol{x}}]=\delta\boldsymbol{x}^{\mathrm{T}}\frac{\partial J[\boldsymbol{x},\dot{\boldsymbol{x}}]}{\partial\boldsymbol{x}}+\delta\dot{\boldsymbol{x}}^{\mathrm{T}}\frac{\partial J[\boldsymbol{x},\dot{\boldsymbol{x}}]}{\partial\dot{\boldsymbol{x}}}$$

$$\delta\int_{t_0}^{t}J[\boldsymbol{x},\dot{\boldsymbol{x}}]\mathrm{d}t=\int_{t_0}^{t}\left(\delta\boldsymbol{x}^{\mathrm{T}}\frac{\partial J[\boldsymbol{x},\dot{\boldsymbol{x}}]}{\partial\boldsymbol{x}}+\delta\dot{\boldsymbol{x}}^{\mathrm{T}}\frac{\partial J[\boldsymbol{x},\dot{\boldsymbol{x}}]}{\partial\dot{\boldsymbol{x}}}\right)\mathrm{d}t$$

$$\delta J[\boldsymbol{x},\boldsymbol{u}]=\delta\boldsymbol{x}^{\mathrm{T}}\frac{\partial J[\boldsymbol{x},\boldsymbol{u}]}{\partial\boldsymbol{x}}+\delta\,\boldsymbol{u}^{\mathrm{T}}\frac{\partial J[\boldsymbol{x},\boldsymbol{u}]}{\partial\boldsymbol{u}}$$

$$\delta\int_{t_0}^{t}J[\boldsymbol{x},\boldsymbol{u}]\mathrm{d}t=\int_{t_0}^{t}\left(\delta\boldsymbol{x}^{\mathrm{T}}\frac{\partial J[\boldsymbol{x},\boldsymbol{u}]}{\partial\boldsymbol{x}}+\delta\,\boldsymbol{u}^{\mathrm{T}}\frac{\partial J[\boldsymbol{x},\boldsymbol{u}]}{\partial\boldsymbol{u}}\right)\mathrm{d}t$$

从以上诸式可以看出，泛函的变分规则与函数的微分规则在形式上完全类似，但其含义是完全不同的。

习　题

2-1　已知 $\boldsymbol{A}=\begin{bmatrix}1&2\\0&1\end{bmatrix}$，求 $\boldsymbol{A}^{100}$。

2-2　已知 $\boldsymbol{A}$，求 $\mathrm{e}^{\boldsymbol{A}t}$。

(1) $\boldsymbol{A}=\begin{bmatrix}-2&0&0\\0&-2&0\\0&0&-2\end{bmatrix}$　　(2) $\boldsymbol{A}=\begin{bmatrix}-2&0&0\\0&-3&1\\0&0&-3\end{bmatrix}$

(3) $\boldsymbol{A}=\begin{bmatrix}0&0\\1&0\end{bmatrix}$　　(4) $\boldsymbol{A}=\begin{bmatrix}0&-1\\4&0\end{bmatrix}$

(5) $\boldsymbol{A}=\begin{bmatrix}0&1\\-2&-3\end{bmatrix}$　　(6) $\boldsymbol{A}=\begin{bmatrix}0&1&0\\0&0&1\\2&-5&4\end{bmatrix}$

2-3　求以下系统矩阵的特征值与特征向量：

$$\boldsymbol{A}=\begin{bmatrix}0&1\\-2&-3\end{bmatrix}$$

2-4　下列矩阵哪个是 $\boldsymbol{A}=\begin{bmatrix}-1&1&0\\0&-1&0\\0&0&-3\end{bmatrix}$ 和 $\boldsymbol{A}=\begin{bmatrix}-2&1&0\\-1&0&0\\-2&2&-3\end{bmatrix}$ 的矩阵指数函数？

(1)$\boldsymbol{\Phi}(t)=\begin{bmatrix} e^{-t} & te^{-1} & t^2e^{-t} \\ 0 & e^{-t} & te^{-1} \\ 0 & 0 & e^{-3t} \end{bmatrix}$ (2)$\boldsymbol{\Phi}(t)=\begin{bmatrix} e^{-1}-te^{-1} & te^{-t} & 0 \\ -te^{-t} & te^{-t}+e^{-t} & 0 \\ e^{-3t}-e^{-t} & e^{-t}-e^{-3t} & e^{-3t} \end{bmatrix}$

(3)$\boldsymbol{\Phi}(t)=\begin{bmatrix} e^{-t} & te^{-t} & 0 \\ 30 & e^{-t} & 0 \\ 0 & 0 & e^{-3t} \end{bmatrix}$ (4)$\boldsymbol{\Phi}(t)=\begin{bmatrix} e^{-t}-te^{-t} & te^{-t} & 0 \\ -te^{-t} & 0 & 0 \\ e^{-3t}-e^{-t} & e^{-t}-e^{-3t} & e^{-3t} \end{bmatrix}$

2-5 下列矩阵是否满足状态转移矩阵的条件？如果满足，求对应的矩阵 $\boldsymbol{A}$。

(1)$\boldsymbol{\Phi}(t)=\begin{bmatrix} 1 & 0 & 0 \\ 0 & \sin t & \cos t \\ 0 & -\cos t & \sin t \end{bmatrix}$ (2)$\boldsymbol{\Phi}(t)=\begin{bmatrix} 2e^{-t}-e^{-2t} & -2e^{-t}+2e^{-2t} \\ e^{-t}-e^{-2t} & -e^{-t}+2e^{-2t} \end{bmatrix}$

(3)$\boldsymbol{\Phi}(t,t_0)=\begin{bmatrix} \dfrac{t}{t_0} & 0 \\ 0 & e^{t_0} \end{bmatrix}$

2-6 已知系统矩阵 $\boldsymbol{A}=\begin{bmatrix} -1 & 0 \\ 0 & 1 \end{bmatrix}$，至少用两种方法求状态转移矩阵 $\boldsymbol{\Phi}(t)$。

第3章

线性控制系统的状态空间描述

3.1 控制系统状态空间描述的基本概念

控制系统的状态空间描述是20世纪60年代初，将力学中的相空间法引入到控制系统的研究中而形成的描述系统的方法，它是时域中最详细的描述方法。

3.1.1 系统的基本概念

系统是相互制约的各个部分的有机结合，且具有一定功能的整体。从输入输出关系看，自然界存在两类系统：静态系统和动态系统。如果一个系统，对于任意时刻 t，其输出唯一地取决于系统的输入，即任意时刻系统的输出仅与同一时刻的输入保持确定的关系，而与以前时刻的输入无关，称之为静态系统，也称为无记忆系统，我们用代数方程来描述。如果一个系统，对于任意时刻 t，其输出不仅与 t 时刻的输入有关，且与 t 时刻以前的累积有关（即系统初值），称之为动态系统，也称为有记忆系统，我们用微分方程来描述。

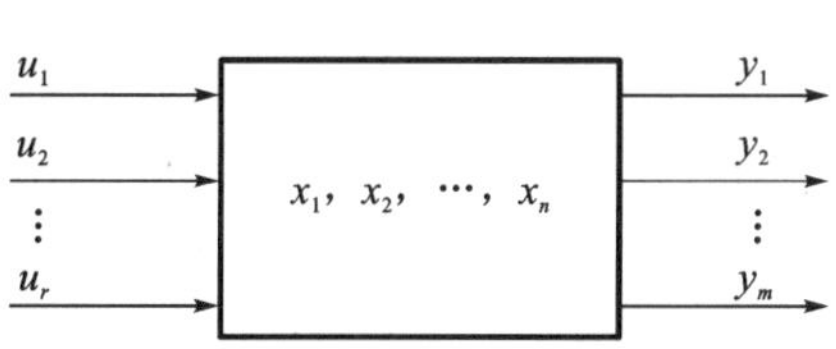

图 3-1　系统的框图表示

3.1.2 系统数学描述的基本概念

动态系统可用图 3-1 表示。图中方框以外的部分为系统环境,环境对系统的作用为系统输入,系统对环境的作用为系统输出,两者分别用向量 $\boldsymbol{u}=[u_1,u_2,\cdots,u_r]^{\mathrm{T}}$ 和 $\boldsymbol{y}=[y_1,y_2,\cdots,y_m]^{\mathrm{T}}$ 表示,它们均为系统的外部变量。描述系统内部每个时刻所处状况的变量为系统内部变量,用向量 $\boldsymbol{x}=[x_1,x_2,\cdots,x_n]^{\mathrm{T}}$ 表示。系统的数学描述是一种反映系统变量间因果关系和变换关系的数学模型。

系统的数学描述通常有两种基本类型。一种是系统的外部描述,即输入-输出描述;一种为系统的内部描述,即状态空间描述。

1. 外部描述

外部描述即输入-输出描述,这种描述把系统当成一个“黑匣子”,系统的输出为外部输入的直接响应,回避了表征系统内部的动态过程,不考虑系统的内部结构和内部信息。外部描述直接反映了输出变量和输入变量之间的动态因果关系。

2. 内部描述

内部描述是基于系统内部结构分析的一类数学模型,通常由两个数学方程组成。一个是反映系统内部变量 $\boldsymbol{x}=[x_1,x_2,\cdots,x_n]^{\mathrm{T}}$ 和输入变量 $\boldsymbol{u}=[u_1,u_2,\cdots,u_r]^{\mathrm{T}}$ 之间因果关系的数学表达式,常具有微分方程或差分方程的形式,称为状态方程;另一个是表征系统内部变量 $\boldsymbol{x}=[x_1,x_2,\cdots,x_n]^{\mathrm{T}}$ 及输入变量 $\boldsymbol{u}=[u_1,u_2,\cdots,u_r]^{\mathrm{T}}$ 和输出变量 $\boldsymbol{y}=[y_1,y_2,\cdots,y_m]^{\mathrm{T}}$ 之间转换关系的数学式,具有代数方程的形式,称为输出方程。

仅当在系统具有一定属性的条件下,两种描述才具有等价关系。

3.1.3 系统状态描述的基本概念

1. 状态变量

能够完全描述系统运动状态的最小个数的一组变量称为状态变量,一般用 $x_1(t)$,$x_2(t)$,…,$x_n(t)$表示,且它们之间相互独立(即变量的数目最小)。

2. 状态向量

设系统的状态变量为 $x_1(t)$,$x_2(t)$,…,$x_n(t)$,那么把它们作为分量所构成的向量,就称为状态向量,有时也称为状态矢量,记作

$$\boldsymbol{x}(t)=\begin{bmatrix} x_1(t) \\ x_2(t) \\ \vdots \\ x_n(t) \end{bmatrix}$$

3. 状态空间

以状态变量 $x_1(t), x_2(t), \cdots, x_n(t)$ 为坐标轴构成的一个 n 维欧氏空间，称为状态空间。状态空间的概念由向量空间引出。在向量空间中，维数是构成向量空间基底的变量个数。类似地，在状态空间中，维数也是系统状态变量的个数。

4. 状态轨迹

状态空间中的每一个点，对应于系统的某一种特定状态。反过来，系统在任何时刻的状态，都可以用状态空间的一个点来表示。如果给定了初始时刻 t_0 的状态 $\boldsymbol{x}(t_0)$ 和 $t \geqslant t_0$ 时刻的输入函数，随着时间的推移，$\boldsymbol{x}(t)$ 将在空间中描绘出一条轨迹，称为状态轨迹。

3.2　控制系统的状态空间表达式

3.2.1　状态空间表达式

设系统的 r 个输入为 $u_1(t), u_2(t), \cdots, u_r(t)$；系统的 m 个输出为 $y_1(t), y_2(t), \cdots, y_m(t)$；系统的 n 个状态变量为 $x_1(t), x_2(t), \cdots, x_n(t)$。

1. 状态方程

描述系统的状态变量与输入变量之间的关系的一组一阶微分方程称为状态方程，即

$$\begin{cases} \dot{x}_1 = \dfrac{\mathrm{d}x_1(t)}{\mathrm{d}t} = f_1[x_1(t), x_2(t), \cdots, x_n(t); u_1(t), u_2(t), \cdots, u_r(t); t] \\ \dot{x}_2 = \dfrac{\mathrm{d}x_2(t)}{\mathrm{d}t} = f_2[x_1(t), x_2(t), \cdots, x_n(t); u_1(t), u_2(t), \cdots, u_r(t); t] \\ \quad\vdots \\ \dot{x}_n = \dfrac{\mathrm{d}x_n(t)}{\mathrm{d}t} = f_n[x_1(t), x_2(t), \cdots, x_n(t); u_1(t), u_2(t), \cdots, u_r(t); t] \end{cases}$$

用向量矩阵表示为

$$\dot{\boldsymbol{x}}(t) = \boldsymbol{f}[\boldsymbol{x}(t), \boldsymbol{u}(t), t]$$

式中，$\boldsymbol{x}(t) \in \mathbf{R}^n$ 为系统状态向量；$\boldsymbol{u}(t) \in \mathbf{R}^r$ 为控制输入向量；$f(\cdot) \in \mathbf{R}^n$ 为向量函数。

2. 输出方程

在指定系统输出的情况下，输出变量与状态变量及输入变量之间的数学表达式称为系统的输出方程，即

$$\begin{cases} y_1(t)=g_1[x_1(t),x_2(t),\cdots,x_n(t);u_1(t),u_2(t),\cdots,u_r(t);t] \\ y_2(t)=g_2[x_1(t),x_2(t),\cdots,x_n(t);u_1(t),u_2(t),\cdots,u_r(t);t] \\ \quad\vdots \\ y_m(t)=g_m[x_1(t),x_2(t),\cdots,x_n(t);u_1(t),u_2(t),\cdots,u_r(t);t] \end{cases}$$

用向量矩阵表示为

$$\boldsymbol{y}(t)=\boldsymbol{g}[\boldsymbol{x}(t),\boldsymbol{u}(t),t]$$

式中，$\boldsymbol{y}(t)\in\mathbf{R}^m$ 为系统输出向量；$\boldsymbol{g}(\cdot)\in\mathbf{R}^m$ 为向量函数。

3. 状态空间表达式

状态方程和输出方程合起来构成一个动态系统的完全描述，称为系统的状态空间表达式。

对于线性定常系统，状态空间表达式中的各元素均是常数，与时间无关，即 $\boldsymbol{A}$、$\boldsymbol{B}$、$\boldsymbol{C}$、$\boldsymbol{D}$ 为常数矩阵，此时状态空间表达式可写为

$$\begin{cases} \dot{\boldsymbol{x}}(t)=\boldsymbol{A}\boldsymbol{x}(t)+\boldsymbol{B}\boldsymbol{u}(t) \\ \boldsymbol{y}(t)=\boldsymbol{C}\boldsymbol{x}(t)+\boldsymbol{D}\boldsymbol{u}(t) \end{cases} \tag{3-1}$$

用图 3.2 所示的 RLC 网络，说明如何用状态空间表达式来描述这一系统。

以 u_C 和 i 作为此系统的两个状态变量。

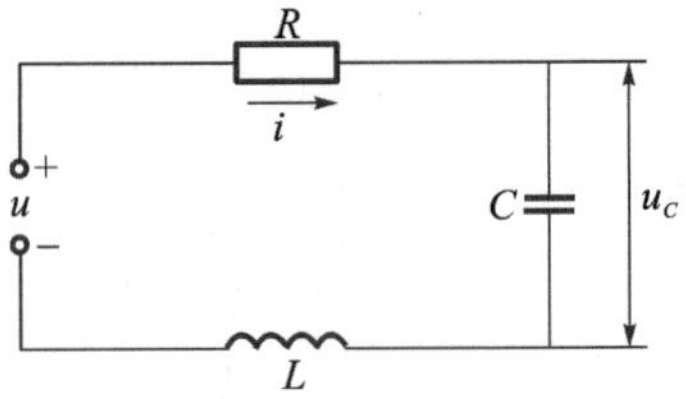

图 3.2 RLC **电路**

根据电学原理，容易写出两个含有状态变量的一阶微分方程组：

$$\begin{cases} C\dfrac{\mathrm{d}u_C}{\mathrm{d}t}=i \\ L\dfrac{\mathrm{d}i}{\mathrm{d}t}+Ri+u_C=u \end{cases}$$

即

$$\begin{cases} \dot{u}_C=\dfrac{1}{C}i \\ \dot{i}=-\dfrac{1}{L}u_C-\dfrac{R}{L}i+\dfrac{1}{L}u \end{cases} \tag{3-2}$$

式(3-2)就是图 3.2 所示系统的状态方程。若将式中状态变量用一般符号 x_i 表示，即令 $x_1=u_C$，$x_2=i$，并写成矢量矩阵形式，则状态方程变为

$$\begin{bmatrix} \dot{x}_1 \\ \dot{x}_2 \end{bmatrix} = \begin{bmatrix} 0 & \frac{1}{C} \\ -\frac{1}{L} & -\frac{R}{L} \end{bmatrix} \begin{bmatrix} x_1 \\ x_2 \end{bmatrix} + \begin{bmatrix} 0 \\ \frac{1}{L} \end{bmatrix} u$$

或

$$\dot{\boldsymbol{x}} = \boldsymbol{A}\boldsymbol{x} + \boldsymbol{B}u$$

式中

$$\dot{\boldsymbol{x}} = \begin{bmatrix} \dot{x}_1 \\ \dot{x}_2 \end{bmatrix}, \quad \boldsymbol{A} = \begin{bmatrix} 0 & \frac{1}{C} \\ -\frac{1}{L} & -\frac{R}{L} \end{bmatrix}, \quad \boldsymbol{B} = \begin{bmatrix} 0 \\ \frac{1}{L} \end{bmatrix}$$

系统的输出方程为

$$y(t) = x_1 = \begin{bmatrix} 1 & 0 \end{bmatrix} \begin{bmatrix} x_1 \\ x_2 \end{bmatrix}$$

3.2.2　状态空间表达式的一般形式

对于具有 r 个输入、m 个输出、n 个状态变量的系统，不管系统是线性、非线性、时变还是定常的，其状态空间表达式的一般形式为

$$\begin{cases} \dot{\boldsymbol{x}}(t) = \boldsymbol{f}[\boldsymbol{x}(t), \boldsymbol{u}(t), t] \\ \boldsymbol{y}(t) = \boldsymbol{g}[\boldsymbol{x}(t), \boldsymbol{u}(t), t] \end{cases} \tag{3-3}$$

式中，$\boldsymbol{x}(t) \in \mathbf{R}^n$ 为系统状态向量；$\boldsymbol{u}(t) \in \mathbf{R}^r$ 为控制输入向量；$\boldsymbol{y}(t) \in \mathbf{R}^m$ 为系统输出向量；$\boldsymbol{f}[\boldsymbol{x}(t), \boldsymbol{u}(t), t] \in \mathbf{R}^n$ 为向量函数；$\boldsymbol{g}[\boldsymbol{x}(t), \boldsymbol{u}(t), t] \in \mathbf{R}^m$ 为向量函数。其中，向量函数 $\boldsymbol{f}$ 和 $\boldsymbol{g}$ 不依赖于时间变量 t 的系统称为非线性定常系统；向量函数 $\boldsymbol{f}$ 和 $\boldsymbol{g}$ 中的各元素是 $x_1, x_2, \cdots, x_n; u_1, u_2, \cdots, u_r; t$ 的线性函数的系统称为线性时变系统；状态空间表达式中的各元素均是常数，与时间无关的系统称为线性定常系统。

3.2.3　状态空间表达式的矢量结构图

线性系统的状态空间表达式（状态方程和输出方程）可以用矢量结构图 3.3 来表示，它形象地表示了系统输入和输出之间的因果关系，以及状态与输入、输出的组合关系。图 3.3 即为式(3-1)所描述的线性定常系统的矢量结构图。

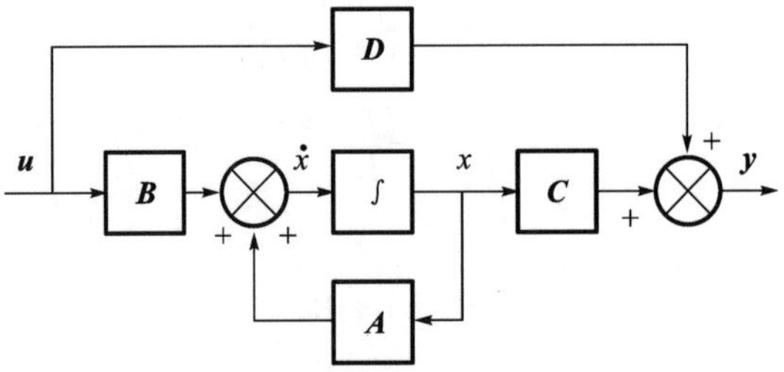

图 3.3 线性定常系统的矢量结构图

3.2.4 状态空间表达式的模拟结构图

为便于状态空间的分析，可引入模拟结构图来反映系统各状态变量之间的传递关系。这不仅使得系统的结构一目了然，同时也使得状态空间表达式的建立更加方便。

模拟结构类似于一个代表系统的模拟计算图，使用的基本元件为积分器、比例器、加法器，以及在非线性系统中使用的辅助元件，如乘法器和除法器。绘制模拟结构图的详细步骤如下：

(1)画出积分器，积分器的数目等于状态变量数。

(2)积分器的输出对应某个状态变量。

(3)根据状态方程和输出方程，画出相应的加法器和比例器。

(4)用信号线将这些元件连接起来。

以三阶微分方程为例：

$$\dddot{x}+a_2\ddot{x}+a_1\dot{x}+a_0x=bu$$

将最高阶导数留在等式左边，上式可改写成

$$\dddot{x}=-a_0x-a_1\dot{x}-a_2\ddot{x}+bu$$

它的模拟结构图如图 3.4 所示。

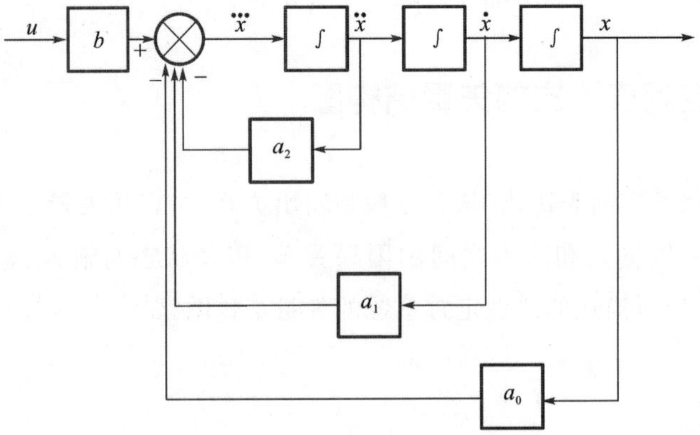

图 3.4 三阶微分方程的模拟结构图

3.3 线性定常连续系统状态空间的数学模型

3.3.1 线性定常连续系统状态空间的数学模型的建立

3.3.1.1 根据物理模型建立状态空间模型

当已知系统的物理模型时，状态变量一般选物理量，特别是标志能量大小的物理量，如机械系统中弹性元件的变形和质量元件的速度、电气系统中的电容电压和电感电流。

例 3.1 电路网络如图 3.5 所示，输入量为电流源，并指定以电容 C_1 和 C_2 上的电压作为输出，求此网络的状态空间表达式。

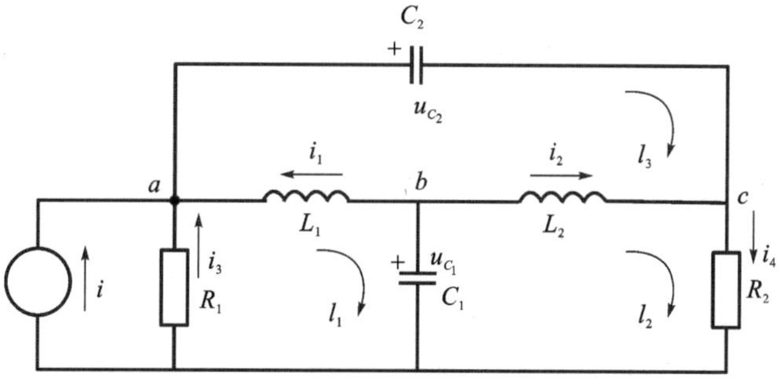

图 3.5 电路图

解 此网络没有纯电容回路，也没有纯电感割集，因有两个电容和两个电感，共四个独立储能元件，故有四个独立变量。

以电容 C_1 和 C_2 上的电压 u_{C_1} 和 u_{C_2} 及电感 L_1 和 L_2 中的电流 i_1 和 i_2 为状态变量，即令

$$u_{C_1}=x_1,\quad u_{C_2}=x_2,\quad i_1=x_3,\quad i_2=x_4$$

从节点 a、b、c，按基尔霍夫电流定律列出电流方程：

$$\begin{cases} i+i_3+x_3-C_2\dot{x}_2=0 \\ C_1\dot{x}_1+x_3+x_4=0 \\ C_2\dot{x}_2+x_4-i_4=0 \end{cases}$$

从三个回路 l_1、l_2、l_3，按基尔霍夫电压定律列出电压方程：

$$\begin{cases}-L_1\dot{x}_3+x_1+R_1i_3=0\\-x_1+L_2\dot{x}_4+R_2i_4=0\\L_2\dot{x}_4-L_1\dot{x}_3-x_2=0\end{cases}$$

从以上六个式子中消去非独立变量 i_3 和 i_4，得

$$\begin{cases}\dot{x}_1=-\dfrac{1}{C_1}x_3-\dfrac{1}{C_1}x_4\\R_1C_2\dot{x}_2-L_1\dot{x}_3=-x_1+R_1x_3+R_1i\\R_2C_2\dot{x}_4+L_2\dot{x}_4=x_1-R_2x_4\\-L_1\dot{x}_3+L_2\dot{x}_4=x_2\end{cases}$$

从上述四式解出 $\dot{x}_1$、$\dot{x}_2$、$\dot{x}_3$、$\dot{x}_4$，最后得到状态空间表达式：

$$\begin{bmatrix}\dot{x}_1\\\dot{x}_2\\\dot{x}_3\\\dot{x}_4\end{bmatrix}=\begin{bmatrix}0&0&-\dfrac{1}{C_1}&-\dfrac{1}{C_1}\\0&-\dfrac{1}{C_2(R_1+R_2)}&\dfrac{R_1}{C_2(R_1+R_2)}&-\dfrac{R_2}{C_2(R_1+R_2)}\\\dfrac{1}{L_1}&-\dfrac{R_1}{L_1(R_1+R_2)}&-\dfrac{R_1R_2}{L_1(R_1+R_2)}&-\dfrac{R_1R_2}{L_1(R_1+R_2)}\\\dfrac{1}{L_2}&-\dfrac{R_2}{L_2(R_1+R_2)}&-\dfrac{R_1R_2}{L_2(R_1+R_2)}&-\dfrac{R_1R_2}{L_2(R_1+R_2)}\end{bmatrix}\begin{bmatrix}x_1\\x_2\\x_3\\x_4\end{bmatrix}+\begin{bmatrix}0\\\dfrac{R_1}{C_2(R_1+R_2)}\\-\dfrac{R_1R_2}{L_1(R_1+R_2)}\\-\dfrac{R_1R_2}{L_2(R_1+R_2)}\end{bmatrix}$$

$$\begin{bmatrix}y_1\\y_2\end{bmatrix}=\begin{bmatrix}u_{C_1}\\u_{C_2}\end{bmatrix}=\begin{bmatrix}1&0&0&0\\0&1&0&0\end{bmatrix}\begin{bmatrix}x_1\\x_2\\x_3\\x_4\end{bmatrix}$$

3.3.1.2 根据微分方程或传递函数建立状态空间模型

在经典控制理论中，通常用微分方程或者传递函数作为描述系统动态变化的数学模型，这种模型适合描述单输入单输出线性定常系统，它表达了系统的输入变量和输出变量之间的关系，同时微分方程与传递函数具有相通性。为了在现代控制理论的框架下研究这类系统，有必要在给出系统高阶常微分方程或传递函数的情况下建立系统的状态空间表达式。而状态变量的非唯一性导致了系统状态空间表达式的非唯一性。

设单输入单输出线性定常连续系统的微分方程具有以下一般形式：

$$\begin{aligned}&y^{(n)}+\alpha_{n-1}y^{(n-1)}+\alpha_{n-2}y^{(n-2)}+\cdots+\alpha_1\dot{y}+\alpha_0y\\&=\beta_{n-1}u^{(n-1)}+\beta_{n-2}u^{(n-2)}+\cdots+\beta_1\dot{u}+\beta_0u\end{aligned}\tag{3-4}$$

式中，y 为系统输出量；u 为系统输入量；$\alpha_i(i=0,1,\cdots,n-1)$ 和 $\beta_j(j=0,1,\cdots,n-1)$ 均是常数。对任何物理系统其 u 的导数幂次小于 y 的导数幂次，其系统传递函数 $G(s)$ 为

$$G(s)\xlongequal{\text{def}}\frac{N(s)}{D(s)}=\frac{y(s)}{u(s)}=\frac{\beta_{n-1}s^{n-1}+\beta_{n-2}s^{n-2}+\cdots+\beta_1 s+\beta_0}{s^n+\alpha_{n-1}s^{n-1}+\alpha_{n-2}s^{n-2}+\cdots+\alpha_1 s+\alpha_0} \tag{3-5}$$

下面来分别研究几种常见的典型动态方程形式。

1. 可观规范型

式(3-4)所示微分方程含有输入导数项，为使状态方程中不含输入导数项，可选择如下一组状态变量，设

$$\begin{cases}x_n=y\\ x_i=\dot{x}_{i+1}+\alpha_i y-\beta_i u, \quad i=1,2,\cdots,n-1\end{cases} \tag{3-6}$$

其展开式为

$$\begin{cases}x_{n-1}=\dot{x}_n+\alpha_{n-1}y-\beta_{n-1}u=\dot{y}+\alpha_{n-1}y-\beta_{n-1}u\\ x_{n-2}=\dot{x}_{n-1}+\alpha_{n-2}y-\beta_{n-2}u=\ddot{y}+\alpha_{n-1}\dot{y}-\beta_{n-1}\dot{u}+\alpha_{n-2}y-\beta_{n-2}u\\ \quad\vdots\\ x_2=\dot{x}_3+\alpha_2 y-\beta_2 u=y^{(n-2)}+\alpha_{n-1}y^{(n-3)}-\beta_{n-2}u^{(n-3)}+\alpha_{n-2}y^{(n-4)}-\beta_{n-2}u^{(n-4)}+\cdots+\alpha_2 y-\beta_2 u\\ x_1=\dot{x}_2+\alpha_1 y-\beta_1 u=y^{(n-1)}+\alpha_{n-1}y^{(n-2)}-\beta_{n-1}u^{(n-2)}+\alpha_{n-2}y^{(n-3)}-\beta_{n-2}u^{(n-3)}+\cdots+\alpha_1 y-\beta_1 u\end{cases}$$

有

$$\dot{x}_1=y^{(n)}+\alpha_{n-1}y^{(n-1)}-\beta_{n-1}u^{(n-1)}+\alpha_{n-2}y^{(n-2)}-\beta_{n-2}u^{(n-2)}+\cdots+\alpha_1\dot{y}-\beta_1\dot{u}$$

根据式(3-4)可得

$$\dot{x}_1=-\alpha_0 y+\beta_0 u=-\alpha_0 x_n+\beta_0 u$$

故有状态方程

$$\begin{cases}\dot{x}_1=-\alpha_0 x_n+\beta_0 u\\ \dot{x}_2=x_1-\alpha_1 x_n+\beta_1 u\\ \quad\vdots\\ \dot{x}_{n-1}=x_{n-2}-\alpha_{n-2}x_n+\beta_{n-2}u\\ \dot{x}_n=x_{n-1}-\alpha_{n-1}x_n+\beta_{n-1}u\end{cases} \tag{3-7}$$

输出方程为

$$y=x_n$$

其向量-矩阵形式为

$$\begin{cases}\dot{\boldsymbol{x}}=\boldsymbol{A}\boldsymbol{x}+\boldsymbol{B}u\\ y=\boldsymbol{C}\boldsymbol{x}\end{cases} \tag{3-8}$$

式中

$$\boldsymbol{A}=\begin{bmatrix}0&0&\cdots&0&-\alpha_0\\1&0&\cdots&0&-\alpha_1\\0&1&\cdots&0&-\alpha_2\\\vdots&\vdots&&\vdots&\vdots\\0&0&\cdots&1&-\alpha_{n-1}\end{bmatrix},\quad \boldsymbol{B}=\begin{bmatrix}\beta_0\\\beta_1\\\beta_2\\\vdots\\\beta_{n-1}\end{bmatrix},\quad \boldsymbol{x}=\begin{bmatrix}x_1\\x_2\\x_3\\\vdots\\x_n\end{bmatrix},\quad \boldsymbol{C}=[0\quad\cdots\quad 0\quad 1]$$

希望读者注意矩阵 **A**、**C** 的形状特征。由式(3-6)导出的式(3-8)所示的动态方程，称为可观规范型的动态方程。

2. 可控规范型

将式(3-5)所示传递函数 $G(s)$分解为两部分相串联，并引入中间变量 $z(s)$，如图 3.6 所示，由第一个方块可导出以 u 作为输入、z 作为输出的不含输入导数项的微分方程，由第二个方块可导出系统输出量 y，y 可表示为 z 及其导数的线性组合，即

$$\begin{cases}z^{(n)}+\alpha_{n-1}z^{(n-1)}+\cdots+\alpha_1\dot{z}+\alpha_0 z=u\\ y=\beta_{n-1}z^{(n-1)}+\cdots+\beta_1\dot{z}+\beta_0 z\end{cases}\tag{3-9}$$

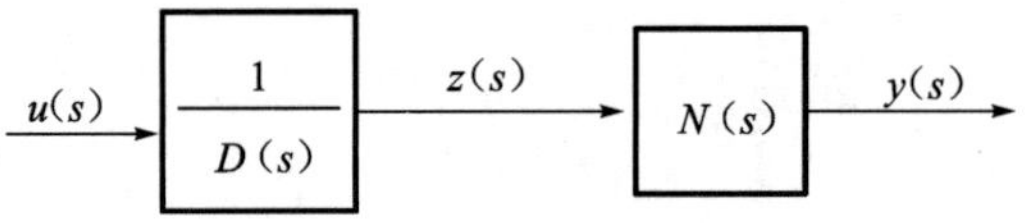

图 3.6　$G(s)$的串联分解

定义一组状态变量

$$\begin{cases}x_1=z\\ x_2=\dot{z}\\ \quad\vdots\\ x_n=z^{(n-1)}\end{cases}\tag{3-10}$$

可得状态方程为

$$\begin{cases}\dot{x}_1=x_2\\ \dot{x}_2=x_3\\ \quad\vdots\\ \dot{x}_n=-\alpha_0 z-\alpha_1\dot{z}-\cdots-\alpha_{n-1}z^{(n-1)}+u\\ \quad=-\alpha_0 x_1-\alpha_1 x_2-\cdots-\alpha_{n-1}x_n+u\end{cases}\tag{3-11}$$

输出方程为

$$y=\beta_0 x_1+\beta_1 x_2+\cdots+\beta_{n-1} x_n \tag{3-12}$$

其向量-矩阵形式为

$$\begin{cases}\dot{\boldsymbol{x}}=\boldsymbol{A}\boldsymbol{x}+\boldsymbol{B}u\\ \boldsymbol{y}=\boldsymbol{C}\boldsymbol{x}\end{cases} \tag{3-13}$$

式中

$$\boldsymbol{A}=\begin{bmatrix}0 & 1 & 0 & \cdots & 0\\ 0 & 0 & 1 & \cdots & 0\\ \vdots & \vdots & \vdots & & \vdots\\ 0 & 0 & 0 & \cdots & 1\\ -\alpha_0 & -\alpha_1 & -\alpha_2 & \cdots & -\alpha_{n-1}\end{bmatrix},\quad \boldsymbol{B}=\begin{bmatrix}0\\0\\\vdots\\0\\1\end{bmatrix},\quad \boldsymbol{x}=\begin{bmatrix}x_1\\x_2\\\vdots\\x_{n-1}\\x_n\end{bmatrix},\quad \boldsymbol{C}=\begin{bmatrix}\beta_0 & \beta_1 & \cdots & \beta_{n-1}\end{bmatrix}$$

也希望读者注意矩阵 $\boldsymbol{A},\boldsymbol{B}$ 的形状特征。由式(3-9)导出的式(3-13)所示的动态方程，称为可控规范型的动态方程。

比较式(3-8)和式(3-13)容易看出，可观、可控两种规范型的动态方程中的各矩阵不仅存在着密切的对应关系，而且两种规范型中的 $\boldsymbol{A},\boldsymbol{B},\boldsymbol{C}$ 矩阵的元素除了取 0 或 1 外，均为系统微分方程或传递函数中的常系数，所以用微分方程或传递函数可直接列出可观、可控规范型的动态方程。

例 3.2　已知系统传递函数为

$$G(s)=\frac{s^2+6s+8}{s^2+4s+3}$$

试求可控规范型的动态方程。

解　可控规范型实现。当 $G(s)$ 的分子次数大于等于分母次数时，应用综合除法，得真有理分式形式：

$$G(s)=\frac{s^2+6s+8}{s^2+4s+3}=1+\frac{2s+5}{s^2+4s+3}$$

对上式右端第二项进行串联分解并引入中间变量 z，使

$$\frac{Y(s)Z(s)}{Z(s)U(s)}=\frac{2s+5}{s^2+4s+3}$$

令

$$\frac{Z(s)}{U(s)}=\frac{1}{s^2+4s+3},\quad \frac{Y(s)}{Z(s)}=2s+5$$

可得微分方程

$$\ddot{z}+4\dot{z}+3z=u$$

$$y=2\dot{z}+5z+u$$

选取状态变量

$$x_1=z,\quad x_2=\dot{z}$$

则状态方程为

$$\dot{x}_1=x_2,\quad \dot{x}_2=-3x_1-4x_2+u$$

输出方程为

$$y=5x_1+2x_2+u$$

其可控规范型动态方程为

$$\begin{bmatrix}\dot{x}_1\\ \dot{x}_2\end{bmatrix}=\begin{bmatrix}0 & 1\\ -3 & -4\end{bmatrix}\begin{bmatrix}x_1\\ x_2\end{bmatrix}+\begin{bmatrix}0\\ 1\end{bmatrix}u,\quad y=\begin{bmatrix}5 & 2\end{bmatrix}\begin{bmatrix}x_1\\ x_2\end{bmatrix}+u$$

例 3.3 试求例 3.2 中系统传递函数的可观规范型动态方程。

解 可观规范型实现。利用可控规范型与可观规范型之间的对偶关系：

$$\boldsymbol{A}_{\mathrm{o}}=\boldsymbol{A}_{\mathrm{c}}^{\mathrm{T}},\quad \boldsymbol{b}_{\mathrm{o}}=\boldsymbol{c}_{\mathrm{c}}^{\mathrm{T}},\quad \boldsymbol{c}_{\mathrm{o}}=\boldsymbol{b}_{\mathrm{c}}^{\mathrm{T}},\quad \boldsymbol{d}_{\mathrm{o}}=\boldsymbol{d}_{\mathrm{c}}$$

根据可控规范型动态方程可写出可观规范型动态方程

$$\begin{bmatrix}\dot{x}_1\\ \dot{x}_2\end{bmatrix}=\begin{bmatrix}0 & -3\\ 1 & -4\end{bmatrix}\begin{bmatrix}x_1\\ x_2\end{bmatrix}+\begin{bmatrix}5\\ 2\end{bmatrix}u,\quad y=\begin{bmatrix}0 & 1\end{bmatrix}\begin{bmatrix}x_1\\ x_2\end{bmatrix}+u$$

3. 约当规范型

已知系统的传递函数为

$$W(s)=\frac{Y(s)}{U(s)}=\frac{\beta_{n-1}s^{n-1}+\beta_{n-2}s^{n-2}+\cdots+\beta_1 s+\beta_0}{s^n+a_{n-1}s^{n-1}+\cdots+a_1 s+a_0}\tag{3-14}$$

假设传递函数的极点有一个 ρ 重极点 λ_ρ，其余极点为 $\lambda_i(i=\rho+1,\rho+2,\cdots,n)$，且 $\lambda_i\neq\lambda_j\neq\lambda_\rho(i\neq j)$，则上式可化为

$$W(s)=\frac{Y(s)}{U(s)}=\frac{\beta_{n-1}s^{n-1}+\beta_{n-2}s^{n-2}+\cdots+\beta_1 s+\beta_0}{(s-\lambda_p)^p\prod\limits_{i=p+1}^{n}(s-\lambda_i)}\tag{3-15}$$

展成部分分式，得

$$W(s)=\frac{Y(s)}{U(s)}=\frac{c_1}{(s-\lambda_\rho)^\rho}+\cdots+\frac{c_{\rho-1}}{(s-\lambda_\rho)^2}+\frac{c_\rho}{s-\lambda_\rho}+\sum_{i=\rho+1}^{n}\frac{c_i}{s-\lambda_i}\tag{3-16}$$

$$Y(s)=\frac{c_1}{(s-\lambda_\rho)^\rho}U(s)+\cdots+\frac{c_\rho}{s-\lambda_\rho}U(s)+\sum_{i=\rho+1}^{n}\frac{c_i}{s-\lambda_i}U(s)\tag{3-17}$$

式中，$c_i(i=\rho+1,\cdots,n)$ 为常数。

与上式对应的系统结构如图 3.7 所示。

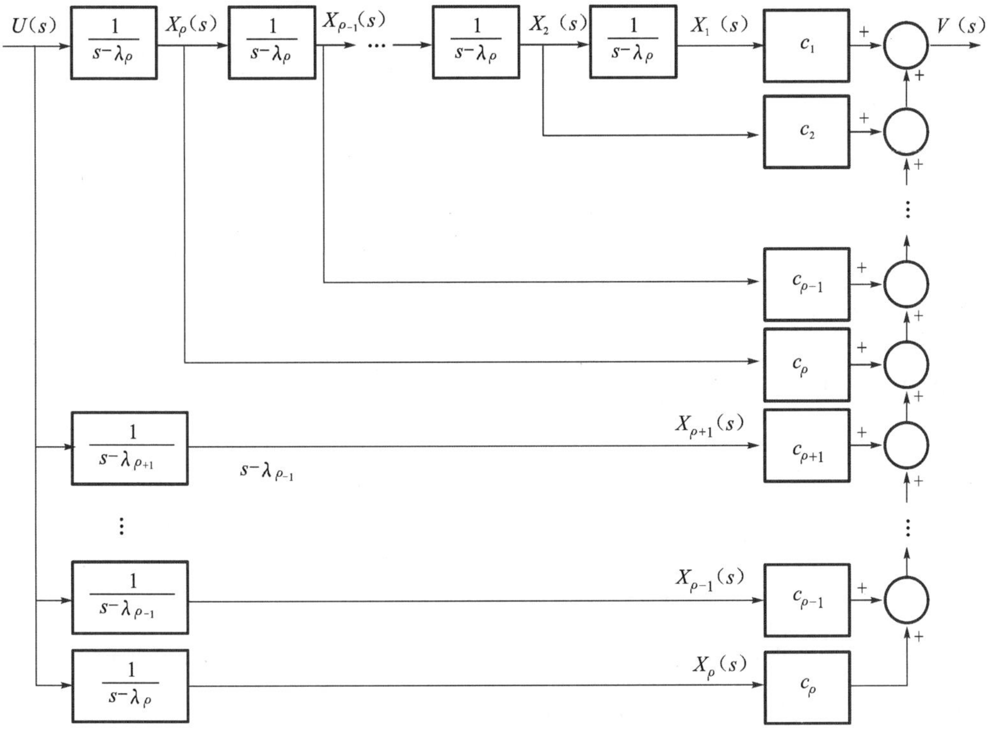

图 3.7　约当规范型系统结构图

如图 3.7 所示在每一次项倒数环节的输出端定义一个状态变量,可得

$$X_i(s)=\frac{1}{s-\lambda_\rho}X_{i+1}(s)\ (i=1,2,\cdots,\rho-1) \tag{3-18}$$

$$X_i(s)=\frac{1}{s-\lambda_i}U(s)\ (i=\rho,\rho+1,\cdots,n) \tag{3-19}$$

去分母并移项,可得

$$sX_i(s)=\lambda_\rho X_i(s)+X_{i+1}(s)\ (i=1,2,\cdots,\rho-1) \tag{3-20}$$

$$sX_i(s)=\lambda_i X_i(s)+U(s)\ (i=\rho,\rho+1,\cdots,n) \tag{3-21}$$

进行拉氏逆变换,可得

$$\dot{x}_i=\lambda_\rho x_i+x_{i+1}\quad(i=1,2,\cdots,\rho-1) \tag{3-22}$$

$$\dot{x}_i=\lambda_i x_i+u\quad(i=\rho,\rho+1,\cdots,n) \tag{3-23}$$

这便是状态方程,其向量表达式为

$$\dot{\boldsymbol{x}}=\boldsymbol{J}\boldsymbol{x}+\boldsymbol{B}u \tag{3-24}$$

式中

$$
J=\left[\begin{array}{cccc:cccc}
\lambda_\rho & 1 & & 0 & & & & 0\\
 & \ddots & \ddots & & & & & \\
 & & \lambda_\rho & 1 & & & & \\
0 & & & \lambda_\rho & & & & \\
\hdashline
 & & & & \lambda_{\rho+1} & & & 0\\
 & & & & & \ddots & & \\
 & & & & & & \lambda_{n-1} & \\
0 & & & & 0 & & & \lambda_n
\end{array}\right],\quad
B=\left[\begin{array}{c}0\\ \vdots\\ 0\\ 1\\ \hdashline 1\\ \vdots\\ 1\\ 1\end{array}\right],\quad
x=\left[\begin{array}{c}x_1\\ \vdots\\ x_{\rho-1}\\ x_\rho\\ \hdashline x_{\rho+1}\\ \vdots\\ x_{n-1}\\ x_n\end{array}\right]
$$

可得输出方程,即

$$y=\sum_{i=1}^{n}c_i x_i \tag{3-25}$$

或

$$y=Cx \tag{3-26}$$

式中,$C=[c_1 \quad c_2 \quad \cdots \quad c_n]$。

系统矩阵为约当矩阵 J 的状态空间模型称为约当规范型。显然,J 的对角线元素为系统的极点,而约当小块中的对角线元素就是重极点。

例 3.4 已知系统传递函数

$$g(s)=\frac{5s+1}{s^3+5s^2+8s+4}$$

试求系统的约当规范型动态方程。

解 系统传递函数为

$$g(s)=\frac{5s+1}{s^3+5s^2+8s+4}$$

解它的特征方程式

$$s^3+5s^2+8s+4=(s+1)(s+2)^2=0$$

可得到它的 1 个单特征值 $\lambda_1=-1$ 和二重特征值 $\lambda_2=\lambda_3=-2$。系统传递函数的部分分式之和形式可写为

$$g(s)=\frac{c_1}{s+1}+\frac{c_{11}}{(s+2)^2}+\frac{c_{12}}{s+2}$$

式中

$$c_1=\lim_{s\to\lambda_1}(s-\lambda_1)g(s)=\lim_{s\to-1}(s+1)\frac{5s+1}{s^3+5s^2+8s+4}=-4$$

$$c_{11}=\lim_{s\to\lambda_2}(s-\lambda_2)^2 g(s)=\lim_{s\to-2}(s+2)^2\ \frac{5s+1}{s^3+5s^2+8s+4}=9$$

$$c_{12}=\lim_{s\to\lambda_2}\frac{1}{(2-1)!\ \mathrm{d}s^{2-1}}[(s-\lambda_2)^2 g(s)]=\lim_{s\to-2}\frac{\mathrm{d}}{\mathrm{d}s}\left[(s+2)^2\ \frac{5s+1}{s^3+5s^2+8s+4}\right]=4$$

则系统的约当规范型动态方程为

$$\begin{cases}\begin{bmatrix}\dot{x}_1\\\dot{x}_2\\\dot{x}_3\end{bmatrix}=\begin{bmatrix}-1&0&0\\0&-2&1\\0&0&-2\end{bmatrix}\begin{bmatrix}x_1\\x_2\\x_3\end{bmatrix}+\begin{bmatrix}1\\0\\1\end{bmatrix}u\\ y=\begin{bmatrix}-4&9&4\end{bmatrix}\begin{bmatrix}x_1\\x_2\\x_3\end{bmatrix}\end{cases}$$

4. 对角线规范型

假设传递函数式(3-14)的极点为 $\lambda_i(i=1,2,\cdots,n)$且 $\lambda_i\neq\lambda_j(i\neq j)$，即

$$W(s)=\frac{Y(s)}{U(s)}=\frac{\beta_{n-1}s^{n-1}+\beta_{n-2}s^{n-2}+\cdots+\beta_1 s+\beta_0}{\prod_{i=1}^{n}(s-\lambda_i)} \tag{3-27}$$

将上式展成部分分式，得

$$W(s)=\frac{Y(s)}{U(s)}=\frac{c_1}{s-\lambda_1}+\frac{c_2}{s-\lambda_2}+\cdots+\frac{c_n}{s-\lambda_n}=\sum_{i=1}^{n}\frac{c_i}{s-\lambda_i} \tag{3-28}$$

仿照上面约当规范型的推导方法，可得

$$\dot{\boldsymbol{x}}=\boldsymbol{Ax}+\boldsymbol{B}u \tag{3-29}$$

$$y=\boldsymbol{Cx} \tag{3-30}$$

式中

$$\boldsymbol{A}=\begin{bmatrix}\lambda_1&&&\\&\lambda_2&&\\&&\ddots&\\&&&\lambda_n\end{bmatrix},\quad \boldsymbol{B}=\begin{bmatrix}1\\1\\\vdots\\1\end{bmatrix},\quad \boldsymbol{x}=\begin{bmatrix}x_1\\x_2\\\vdots\\x_n\end{bmatrix},\quad \boldsymbol{C}=\begin{bmatrix}c_1&c_2&\cdots&c_n\end{bmatrix}$$

系统矩阵为对角线矩阵的状态空间模型称为对角线规范型。显然，对角线元素为系统的极点，对角线规范型是约当规范型的特例。

例 3.5 试求例 3.2 中系统传递函数的对角线规范型动态方程。

解 对角线规范型实现。由于

$$G(s)=1+\frac{N(s)}{D(s)}=1+\frac{2s+5}{s^2+4s+3}$$

$D(s)$可分解为

$$D(s)=s^2+4s+3=(s+1)(s+3)$$

其中 $\lambda_1=-1$，$\lambda_2=-3$ 为系统的单实极点，则传递函数可展成部分分式之和：

$$\frac{N(s)}{D(s)}=\frac{3/2}{s+1}+\frac{1/2}{s+3}$$

且有

$$Y(s)=\left[1+\frac{3/2}{s+1}+\frac{1/2}{s+3}\right]U(s)$$

若令状态变量

$$X_1(s)=\frac{1}{s+1}U(s),\quad X_2(s)=\frac{1}{s+3}U(s)$$

对上式进行拉氏反变换并展开,有

$$\dot{x}_1=-x_1+u,\quad \dot{x}_2=-3x_2+u$$

$$y=\frac{3}{2}x_1+\frac{1}{2}x_2+u$$

因此,对角线规范型动态方程为

$$\begin{bmatrix}\dot{x}_1\\ \dot{x}_2\end{bmatrix}=\begin{bmatrix}-1 & 0\\ 0 & -3\end{bmatrix}\begin{bmatrix}x_1\\ x_2\end{bmatrix}+\begin{bmatrix}1\\ 1\end{bmatrix}u,\quad y=\begin{bmatrix}\frac{3}{2} & \frac{1}{2}\end{bmatrix}\begin{bmatrix}x_1\\ x_2\end{bmatrix}+u$$

3.3.1.3 根据系统结构图建立状态空间模型

当已知系统结构图时,仿照上面约当规范型的状态变量定义方法,对每个积分环节和一次项倒数环节的输出端定义一个状态变量,再通过简单数学运算即可建立状态空间模型。

例 3.6 假设系统的结构如图 3.8 所示,试建立其状态空间模型。

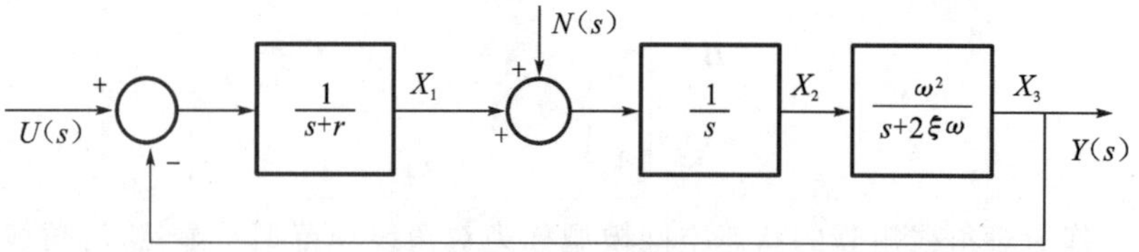

图 3.8 系统结构图

如图 3.8 所示在每个一次项倒数环节的输出端定义一个状态变量,可得

$$\begin{cases}X_1(s)=\dfrac{1}{s+r}[U(s)-X_3(s)]\\ X_2(s)=\dfrac{1}{s}[N(s)+X_1(s)]\\ X_3(s)=\dfrac{\omega^2}{s+2\xi\omega}X_2(s)\\ Y(s)=X_3(s)\end{cases}$$

易得

$$\begin{cases}\dot{x}_1=-rx_1-x_3+u\\ \dot{x}_2=x_1+n\\ \dot{x}_3=\omega^2x_2-2\xi\omega x_3\\ y=x_3\end{cases}$$

将以上状态方程和输出方程写成向量形式，可得

$$\dot{\boldsymbol{x}}=\begin{bmatrix}\dot{x}_1\\ \dot{x}_2\\ \dot{x}_3\end{bmatrix}=\begin{bmatrix}-r & 0 & -1\\ 1 & 0 & 0\\ 0 & \omega^2 & -2\xi\omega\end{bmatrix}\begin{bmatrix}x_1\\ x_2\\ x_3\end{bmatrix}+\begin{bmatrix}1 & 0\\ 0 & 1\\ 0 & 0\end{bmatrix}\begin{bmatrix}u\\ n\end{bmatrix}$$

$$y=\begin{bmatrix}0 & 0 & 1\end{bmatrix}\begin{bmatrix}x_1\\ x_2\\ x_3\end{bmatrix}$$

3.3.2　线性定常连续系统状态空间的解

3.3.2.1　线性定常齐次状态方程的解(自由解)

所谓系统的自由解，是指系统输入为零时，由初始状态引起的自由运动。此时，状态方程为齐次微分方程：

$$\dot{\boldsymbol{x}}=\boldsymbol{A}\boldsymbol{x} \tag{3-31}$$

若初始时刻 t_0 时的状态给定为 $\boldsymbol{x}(t_0)=\boldsymbol{x}_0$，则式(3-31)有唯一确定解：

$$\boldsymbol{x}(t)=\mathrm{e}^{\boldsymbol{A}(t-t_0)}\boldsymbol{x}_0,\ t\geqslant t_0 \tag{3-32}$$

若初始时刻从 $t=0$ 开始，即 $\boldsymbol{x}(0)=\boldsymbol{x}_0$，则其解为

$$\boldsymbol{x}(t)=\mathrm{e}^{\boldsymbol{A}t}\boldsymbol{x}_0,\ t\geqslant 0 \tag{3-33}$$

例 3.7　试求下列状态方程的解：

$$\dot{\boldsymbol{x}}=\begin{bmatrix}-1 & 0 & 0\\ 0 & -2 & 0\\ 0 & 0 & -3\end{bmatrix}\boldsymbol{x}$$

解　本题求解的是线性定常齐次状态方程，方程的解为 $\boldsymbol{x}(t)=\mathrm{e}^{\boldsymbol{A}t}\boldsymbol{x}(0)$，故需先求出系统的状态转移矩阵 $\mathrm{e}^{\boldsymbol{A}t}$。

由于系统状态方程的状态矩阵 **A** 为对角型，因而有

$$e^{At}=\begin{bmatrix} e^{-t} & 0 & 0 \\ 0 & e^{-2t} & 0 \\ 0 & 0 & e^{-3t} \end{bmatrix}$$

状态方程的解为

$$\boldsymbol{x}(t)=e^{\boldsymbol{A}t}\boldsymbol{x}(0)=\begin{bmatrix} e^{-t} & 0 & 0 \\ 0 & e^{-2t} & 0 \\ 0 & 0 & e^{-3t} \end{bmatrix}\boldsymbol{x}(0)$$

其中，$\boldsymbol{x}(0)$为系统的初始状态。

3.3.2.2 线性定常系统非齐次方程的解

现在讨论线性定常系统在控制作用 $\boldsymbol{u}(t)$作用下的强制运动。此时状态方程为非齐次矩阵微分方程：

$$\dot{\boldsymbol{x}}=\boldsymbol{A}\boldsymbol{x}+\boldsymbol{B}\boldsymbol{u} \tag{3-34}$$

当初始时刻 $t_0=0$，初始状态为 $\boldsymbol{x}(t_0)$时，其解为

$$\boldsymbol{x}(t)=\boldsymbol{\Phi}(t)\boldsymbol{x}(0)+\int_0^t \boldsymbol{\Phi}(t-\tau)\boldsymbol{B}\boldsymbol{u}(\tau)\mathrm{d}\tau \tag{3-35}$$

式中，$\boldsymbol{\Phi}(t)=e^{\boldsymbol{A}t}$。

当初始时刻为 t_0，初始状态为 $\boldsymbol{x}(t_0)$时，其解为

$$\boldsymbol{x}(t)=\boldsymbol{\Phi}(t-t_0)\boldsymbol{x}(t_0)+\int_{t_0}^t \boldsymbol{\Phi}(t-\tau)\boldsymbol{B}\boldsymbol{u}(\tau)\mathrm{d}\tau \tag{3-36}$$

式中，$\boldsymbol{\Phi}(t-t_0)=e^{\boldsymbol{A}(t-t_0)}$。

证明 采用类似标量微分方程求解的方法，将式(3-34)写成

$$\dot{\boldsymbol{x}}-\boldsymbol{A}\boldsymbol{x}=\boldsymbol{B}\boldsymbol{u}$$

等式两边同左乘 $e^{-\boldsymbol{A}t}$，得

$$e^{-\boldsymbol{A}t}(\dot{x}-\boldsymbol{A}\boldsymbol{x})=e^{-\boldsymbol{A}t}\boldsymbol{B}\boldsymbol{u}(t)$$

即

$$\frac{\mathrm{d}}{\mathrm{d}t}[e^{-\boldsymbol{A}t}\boldsymbol{x}(t)]=e^{-\boldsymbol{A}t}\boldsymbol{B}\boldsymbol{u}(t) \tag{3-37}$$

对式(3-37)在区间$[0,t]$上积分，有

$$e^{-\boldsymbol{A}t}\boldsymbol{x}(t)\Big|_0^t=\int_0^t e^{-\boldsymbol{A}\tau}\boldsymbol{B}\boldsymbol{u}(\tau)\mathrm{d}\tau$$

整理后可得类似于式(3-35)的形式：

$$\boldsymbol{x}(t)=e^{\boldsymbol{A}t}\boldsymbol{x}(0)+\int_0^t e^{\boldsymbol{A}(t-\tau)}\boldsymbol{B}\boldsymbol{u}(\tau)\mathrm{d}\tau$$

式(3-35)得证。

同理,若对式(3-37)在区间$[t_0,t]$上积分,即可证明式(3-36)。

式(3-35)也可从拉氏变换法求得,对式(3-34)进行拉氏变换,有

$$s\boldsymbol{X}(s)-\boldsymbol{x}(0)=\boldsymbol{A}\boldsymbol{X}(s)+\boldsymbol{B}\boldsymbol{U}(s)$$

即

$$(s\boldsymbol{I}-\boldsymbol{A})\boldsymbol{X}(s)=\boldsymbol{x}(0)+\boldsymbol{B}\boldsymbol{U}(s)$$

上式左乘$(s\boldsymbol{I}-\boldsymbol{A})^{-1}$,得

$$\boldsymbol{X}(s)=(s\boldsymbol{I}-\boldsymbol{A})^{-1}\boldsymbol{x}(0)+(s\boldsymbol{I}-\boldsymbol{A})^{-1}\boldsymbol{B}\boldsymbol{U}(s) \tag{3-38}$$

注意式(3-38)等号右边第二项,其中

$$(s\boldsymbol{I}-\boldsymbol{A})^{-1}=\mathscr{L}[\boldsymbol{\Phi}(t)]$$

$$\boldsymbol{U}(s)=\mathscr{L}[\boldsymbol{u}(t)]$$

两个拉氏变换函数的积是一个卷积的拉氏变换,即

$$(s\boldsymbol{I}-\boldsymbol{A})^{-1}\boldsymbol{B}\boldsymbol{U}(s)=\mathscr{L}\left[\int_0^t\boldsymbol{\Phi}(t-\tau)\boldsymbol{B}\boldsymbol{u}(\tau)\mathrm{d}\tau\right]$$

代入式(3-38),并取拉氏反变换,即得

$$\boldsymbol{x}(t)=\boldsymbol{\Phi}(t)\boldsymbol{x}(0)+\int_0^t\boldsymbol{\Phi}(t-\tau)\boldsymbol{B}\boldsymbol{u}(\tau)\mathrm{d}\tau$$

例 3.8　已知系统状态方程为

$$\dot{\boldsymbol{x}}=\begin{bmatrix}1 & 0\\1 & 1\end{bmatrix}\boldsymbol{x}+\begin{bmatrix}1\\1\end{bmatrix}\boldsymbol{u}$$

初始条件为$x_1(0)=1$,$x_2(0)=0$,试求系统在单位阶跃输入作用下的状态响应。

解　本题属于非齐次状态方程,方程解的形式为

$$\boldsymbol{x}(t)=\mathrm{e}^{\boldsymbol{A}t}\boldsymbol{x}(0)+\int_0^t\mathrm{e}^{\boldsymbol{A}\tau}\boldsymbol{B}\boldsymbol{u}(t-\tau)\mathrm{d}\tau$$

故需先求出系统的状态转移矩阵$\mathrm{e}^{\boldsymbol{A}t}$。

由于

$$s\boldsymbol{I}-\boldsymbol{A}=\begin{bmatrix}s-1 & 0\\-1 & s-1\end{bmatrix}$$

$$(s\boldsymbol{I}-\boldsymbol{A})^{-1}=\frac{1}{(s-1)^2}\begin{bmatrix}s-1 & 0\\1 & s-1\end{bmatrix}=\begin{bmatrix}\dfrac{1}{s-1} & 0\\\dfrac{1}{(s-1)^2} & \dfrac{1}{s-1}\end{bmatrix}$$

故可采用拉氏变换法求出

$$e^{At}=\mathscr{L}^{-1}[(s\boldsymbol{I}-\boldsymbol{A})^{-1}]=\mathscr{L}^{-1}\begin{bmatrix}\frac{1}{s-1} & 0\\ \frac{1}{(s-1)^2} & \frac{1}{s-1}\end{bmatrix}=\begin{bmatrix}e^t & 0\\ te^t & e^t\end{bmatrix}$$

得单位阶跃输入作用下的状态响应为

$$\begin{aligned}\boldsymbol{x}(t) &= \begin{bmatrix}e^t & 0\\ te^t & e^t\end{bmatrix}\begin{bmatrix}1\\0\end{bmatrix}+\int_0^t\begin{bmatrix}e^\tau & 0\\ \tau e^\tau & e^\tau\end{bmatrix}\begin{bmatrix}1\\1\end{bmatrix}d\tau\\ &=\begin{bmatrix}e^t\\ te^t\end{bmatrix}+\int_0^t\begin{bmatrix}e^\tau\\ e^\tau+\tau e^\tau\end{bmatrix}d\tau=\begin{bmatrix}2e^t-1\\ 2te^t\end{bmatrix}\end{aligned}$$

3.3.2.3 线性时变系统的解

与线性定常系统不同，时变系统的状态方程的解常常不能写成解析形式，因此数值解法对于时变系统是重要的。

1. 线性时变齐次矩阵微分方程的解

尽管线性时变系统的自由解不能像定常系统那样写成一个封闭的解析形式，但仍然能表示为状态转移的形式。对于齐次矩阵微分方程

$$\dot{\boldsymbol{x}}=\boldsymbol{A}(t)\boldsymbol{x},\quad \boldsymbol{x}(t)|_{t=t_0}=\boldsymbol{x}(t_0) \tag{3-39}$$

其解为

$$\boldsymbol{x}(t)=\boldsymbol{\Phi}(t,t_0)\boldsymbol{x}(t_0) \tag{3-40}$$

式中，$\boldsymbol{\Phi}(t,t_0)$类似于前述线性定常系统中的$\boldsymbol{\Phi}(t-t_0)$，它也是$n\times n$非奇异方阵，并满足如下的矩阵微分方程和初始条件：

$$\dot{\boldsymbol{\Phi}}(t,t_0)=\boldsymbol{A}(t)\boldsymbol{\Phi}(t,t_0) \tag{3-41}$$

$$\boldsymbol{\Phi}(t_0,t_0)=\boldsymbol{I} \tag{3-42}$$

从式(3-40)可知，齐次微分方程的解与前面介绍的定常系统一样，也是初始状态的转移，故$\boldsymbol{\Phi}(t,t_0)$也称为时变系统的状态转移矩阵。在一般情况下，只需将$\boldsymbol{\Phi}(t)$或$\boldsymbol{\Phi}(t-t_0)$改为$\boldsymbol{\Phi}(t,t_0)$，则前面关于定常系统所得到的大部分结论，均可推广应用于线性时变系统。

2. 线性时变系统非齐次状态方程式的解

线性时变系统的非齐次状态方程为

$$\dot{\boldsymbol{x}}(t)=\boldsymbol{A}(t)\boldsymbol{x}(t)+\boldsymbol{B}(t)\boldsymbol{u}(t) \tag{3-43}$$

且$\boldsymbol{A}(t)$和$\boldsymbol{B}(t)$的元素在时间区间$[t_0,t]$上分段连续，则其解为

$$\boldsymbol{x}(t)=\boldsymbol{\Phi}(t,t_0)\boldsymbol{x}(t_0)+\int_{t_0}^{t}\boldsymbol{\Phi}(t,\tau)\boldsymbol{B}(\tau)\boldsymbol{u}(\tau)\mathrm{d}\tau \tag{3-44}$$

证明　线性系统满足叠加原理，故可将式(3-43)的解看成由初始状态 $\boldsymbol{x}(t_0)$ 的转移和控制作用激励的状态 $\boldsymbol{x}_u(t)$ 的转移两部分组成，即

$$\boldsymbol{x}(t)=\boldsymbol{\Phi}(t,t_0)\boldsymbol{x}(t_0)+\boldsymbol{\Phi}(t,t_0)\boldsymbol{x}_u(t)=\boldsymbol{\Phi}(t,t_0)[\boldsymbol{x}(t_0)+\boldsymbol{x}_u(t)] \tag{3-45}$$

代入式(3-43)，有

$$\dot{\boldsymbol{\Phi}}(t,t_0)[\boldsymbol{x}(t_0)+\boldsymbol{x}_u(t)]+\boldsymbol{\Phi}(t,t_0)\dot{\boldsymbol{x}}_u(t)=\boldsymbol{A}(t)\boldsymbol{x}(t)+\boldsymbol{B}(t)\boldsymbol{u}(t)$$

即

$$\boldsymbol{A}(t)\boldsymbol{x}(t)+\boldsymbol{\Phi}(t,t_0)\dot{\boldsymbol{x}}_u(t)=\boldsymbol{A}(t)\boldsymbol{x}(t)+\boldsymbol{B}(t)\boldsymbol{u}(t)$$

可知

$$\dot{\boldsymbol{x}}_u(t)=\boldsymbol{\Phi}^{-1}(t,t_0)\boldsymbol{B}(t)\boldsymbol{u}(t)=\boldsymbol{\Phi}(t_0,t)\boldsymbol{B}(t)\boldsymbol{u}(t)$$

在时间区间$[t_0,t]$上积分，有

$$\boldsymbol{x}_u(t)=\int_{t_0}^{t}\boldsymbol{\Phi}(t_0,\tau)\boldsymbol{B}(\tau)\boldsymbol{u}(\tau)\mathrm{d}\tau+\boldsymbol{x}_u(t_0)$$

于是

$$\begin{aligned}\boldsymbol{x}(t)&=\boldsymbol{\Phi}(t,t_0)\left[\boldsymbol{x}(t_0)+\int_{t_0}^{t}\boldsymbol{\Phi}(t_0,\tau)\boldsymbol{B}(\tau)\boldsymbol{u}(\tau)\mathrm{d}\tau+\boldsymbol{x}_u(t_0)\right]\\&=\boldsymbol{\Phi}(t,t_0)\boldsymbol{x}(t_0)+\int_{t_0}^{t}\boldsymbol{\Phi}(t,\tau)\boldsymbol{B}(\tau)\boldsymbol{u}(\tau)\mathrm{d}\tau+\boldsymbol{\Phi}(t,t_0)\boldsymbol{x}_u(t_0)\end{aligned}$$

在式(3-45)中令 $t=t_0$，并注意到 $\boldsymbol{\Phi}(t_0,t_0)=\boldsymbol{I}$，可知$\boldsymbol{x}_u(t_0)=0$，这样由上式即可得到式(3-44)。

例 3.9　设系统矩阵为 $\boldsymbol{A}=\begin{bmatrix}0&1&0\\0&0&1\\2&-4&3\end{bmatrix}$，试求出状态转移矩阵。

解　由

$$|\lambda\boldsymbol{I}-\boldsymbol{A}|=\begin{vmatrix}\lambda&-1&0\\0&\lambda&-1\\-2&4&\lambda-3\end{vmatrix}=(\lambda-1-\mathrm{j})(\lambda-1+\mathrm{j})(\lambda-1)$$

得特征根 $\lambda_1=1+\mathrm{j}$，$\lambda_2=1-\mathrm{j}$，$\lambda_3=1$。由

$$(\lambda_1\boldsymbol{I}-\boldsymbol{A})\boldsymbol{p}_1=\begin{bmatrix}1+\mathrm{j}&-1&0\\0&1+\mathrm{j}&-1\\-2&4&-2+\mathrm{j}\end{bmatrix}\boldsymbol{p}_1=\boldsymbol{0}$$

得到非零解，取 $\boldsymbol{p}_1=\begin{bmatrix}p_{11}\\(1+\mathrm{j})p_{11}\\(1+\mathrm{j})^2p_{11}\end{bmatrix}$，取 $p_{11}=1$，有 $\boldsymbol{p}_1=\begin{bmatrix}1\\1+\mathrm{j}\\2\mathrm{j}\end{bmatrix}$。由

$$(\lambda_2\boldsymbol{I}-\boldsymbol{A})\boldsymbol{p}_2=\begin{bmatrix}1-\mathrm{j}&-1&0\\0&1-\mathrm{j}&-1\\-2&4&-2-\mathrm{j}\end{bmatrix}\boldsymbol{p}_2=\boldsymbol{0}$$

得到非零解 $\boldsymbol{p}_2=\begin{bmatrix}p_{21}\\(1-\mathrm{j})p_{21}\\(1-\mathrm{j})^2p_{21}\end{bmatrix}$，取 $p_{21}=1$，有 $\boldsymbol{p}_2=\begin{bmatrix}1\\1-\mathrm{j}\\-2\mathrm{j}\end{bmatrix}$。由

$$(\lambda_3\boldsymbol{I}-\boldsymbol{A})\boldsymbol{p}_3=\begin{bmatrix}1&-1&0\\0&1&-1\\-2&4&-2\end{bmatrix}\boldsymbol{p}_3=\boldsymbol{0}$$

得到非零解 $\boldsymbol{p}_3=\begin{bmatrix}p_{31}\\p_{31}\\p_{31}\end{bmatrix}$，取 $p_{31}=1$，有 $\boldsymbol{p}_3=\begin{bmatrix}1\\1\\1\end{bmatrix}$。由此得到变换矩阵

$$\boldsymbol{P}=[\boldsymbol{p}_1\quad\boldsymbol{p}_2\quad\boldsymbol{p}_3]=\begin{bmatrix}1&1&1\\1+\mathrm{j}&1-\mathrm{j}&1\\2\mathrm{j}&-2\mathrm{j}&1\end{bmatrix}$$

它正好是矩阵 $\boldsymbol{A}$ 的范德蒙矩阵，即

$$\boldsymbol{P}=\begin{bmatrix}1&1&1\\\lambda_1&\lambda_2&\lambda_3\\\lambda_1^2&\lambda_2^2&\lambda_3^2\end{bmatrix}=\begin{bmatrix}1&1&1\\1+\mathrm{j}&1-\mathrm{j}&1\\2\mathrm{j}&-2\mathrm{j}&1\end{bmatrix}$$

于是有

$$\boldsymbol{P}^{-1}\boldsymbol{A}\boldsymbol{P}=\begin{bmatrix}-0.5+0.5\mathrm{j}&1-0.5\mathrm{j}&-0.5\\-0.5-0.5\mathrm{j}&1+0.5\mathrm{j}&-0.5\\2&-2&1\end{bmatrix}\begin{bmatrix}0&1&0\\0&0&1\\2&-4&3\end{bmatrix}\begin{bmatrix}1&1&1\\1+\mathrm{j}&1-\mathrm{j}&1\\2\mathrm{j}&-2\mathrm{j}&1\end{bmatrix}$$

$$=\begin{bmatrix}1+\mathrm{j}&0&0\\0&1-\mathrm{j}&0\\0&0&1\end{bmatrix}$$

$$\mathrm{e}^{\boldsymbol{P}^{-1}\boldsymbol{A}\boldsymbol{P}t}=\begin{bmatrix}\mathrm{e}^{(1+\mathrm{j})t}&0&0\\0&\mathrm{e}^{(1-\mathrm{j})t}&0\\0&0&\mathrm{e}^{t}\end{bmatrix}$$

系统的状态转移矩阵为

$$e^{\boldsymbol{A}t}=\boldsymbol{P}\begin{bmatrix}e^{(1+j)t} & 0 & 0\\ 0 & e^{(1-j)t} & 0\\ 0 & 0 & e^{t}\end{bmatrix}\boldsymbol{P}^{-1}$$

$$=\begin{bmatrix}1 & 1 & 1\\ 1+j & 1-j & 1\\ 2j & -2j & 1\end{bmatrix}\begin{bmatrix}e^{(1+j)t} & 0 & 0\\ 0 & e^{(1-j)t} & 0\\ 0 & 0 & e^{t}\end{bmatrix}\begin{bmatrix}-0.5+0.5j & 1-0.5j & -0.5\\ -0.5-0.5j & 1+0.5j & -0.5\\ 2 & -2 & 1\end{bmatrix}$$

$$=e^{t}\begin{bmatrix}-\cos t-\sin t+2 & 2\cos t+\sin t-2 & -\cos t+1\\ -2\cos t+2 & 3\cos t-\sin t-2 & -\cos t+\sin t+1\\ 2\sin t-2\cos t+2 & -4\sin t+2\cos t-2 & 2\sin t+1\end{bmatrix}$$

上述计算中复数会带来不方便。

若取

$$\boldsymbol{P}=[\mathrm{Re}[\boldsymbol{p}_1]\quad \mathrm{Im}[\boldsymbol{p}_1]\quad \boldsymbol{p}_3]=\begin{bmatrix}1 & 0 & 1\\ 1 & 1 & 1\\ 0 & 2 & 1\end{bmatrix}$$

则有

$$\boldsymbol{P}^{-1}\boldsymbol{A}\boldsymbol{P}=\begin{bmatrix}-1 & 2 & -1\\ -1 & 1 & 0\\ 2 & -2 & 1\end{bmatrix}\begin{bmatrix}0 & 1 & 0\\ 0 & 0 & 1\\ 2 & -4 & 3\end{bmatrix}\begin{bmatrix}1 & 0 & 1\\ 1 & 1 & 1\\ 0 & 2 & 1\end{bmatrix}=\begin{bmatrix}1 & 1 & 0\\ -1 & 1 & 0\\ 0 & 0 & 1\end{bmatrix}$$

系统的状态转移矩阵为

$$e^{\boldsymbol{A}t}=\boldsymbol{P}\begin{bmatrix}e^{t}\cos t & e^{t}\sin t & 0\\ -e^{t}\sin t & e^{t}\cos t & 0\\ 0 & 0 & e^{t}\end{bmatrix}\boldsymbol{P}^{-1}$$

$$=\begin{bmatrix}1 & 0 & 1\\ 1 & 1 & 1\\ 0 & 2 & 1\end{bmatrix}\begin{bmatrix}e^{t}\cos t & e^{t}\sin t & 0\\ -e^{t}\sin t & e^{t}\cos t & 0\\ 0 & 0 & e^{t}\end{bmatrix}\begin{bmatrix}-1 & 2 & -1\\ -1 & 1 & 0\\ 2 & -2 & 1\end{bmatrix}$$

$$=e^{t}\begin{bmatrix}-\cos t-\sin t+2 & 2\cos t+\sin t-2 & -\cos t+1\\ -2\cos t+2 & 3\cos t-\sin t-2 & -\cos t+\sin t+1\\ 2\sin t-2\cos t+2 & -4\sin t+2\cos t-2 & 2\sin t+1\end{bmatrix}$$

3.3.2.4 线性系统解的结构特点与线性系统稳定性的关系

已知线性系统 $\dot{\boldsymbol{x}}=\boldsymbol{A}(t)\boldsymbol{x}+\boldsymbol{B}(t)\boldsymbol{u}, t\geqslant t_0$，由 $\boldsymbol{x}(t_0)=\boldsymbol{x}_0^*$ 出发的解 $\boldsymbol{x}^*(t)$ 为

$$\boldsymbol{x}^*(t)=\boldsymbol{\Phi}(t,t_0)\boldsymbol{x}_0^*+\int_{t_0}^{t}\boldsymbol{\Phi}(t,\tau)\boldsymbol{B}(\tau)\boldsymbol{u}(\tau)\mathrm{d}\tau$$

它由零输入响应和零状态响应相加得到。由另一初始条件 $\boldsymbol{x}(t_0)=\boldsymbol{x}_0$ 出发的解 $\boldsymbol{x}(t)$ 为

$$\boldsymbol{x}(t)=\boldsymbol{\Phi}(t,t_0)\boldsymbol{x}_0+\int_{t_0}^{t}\boldsymbol{\Phi}(t,\tau)\boldsymbol{B}(\tau)\boldsymbol{u}(\tau)\mathrm{d}\tau$$

上述两式相减,得同一线性系统在相同输入、不同初始条件下状态响应的差满足

$$\boldsymbol{e}(t)=\boldsymbol{x}(t)-\boldsymbol{x}^*(t)=\boldsymbol{\Phi}(t,t_0)(\boldsymbol{x}_0-\boldsymbol{x}_0^*)$$

即线性系统解的稳定性与解无关,唯一地由状态矩阵 $\boldsymbol{A}(t)$ 或状态转移矩阵 $\boldsymbol{\Phi}(t,t_0)$ 决定,等价于线性齐次系统

$$\dot{\boldsymbol{x}}=\boldsymbol{A}(t)\boldsymbol{x},\quad t\geqslant t_0$$

零解的稳定性 若线性齐次系统的零解稳定或渐近稳定,则任意初始状态和任意输入作用下非齐次系统的解也是稳定或渐近稳定的,而且是全局稳定或全局渐近稳定的。

3.3.3 系统的传递函数矩阵

3.3.3.1 传递函数(阵)

已知系统的状态空间表达式

$$\begin{cases}\dot{\boldsymbol{x}}=\boldsymbol{A}\boldsymbol{x}+\boldsymbol{B}\boldsymbol{u}\\ \boldsymbol{y}=\boldsymbol{C}\boldsymbol{x}+\boldsymbol{D}\boldsymbol{u}\end{cases}\tag{3-46}$$

式中,$\boldsymbol{u}$ 为 $r\times1$ 输入列矢量;$\boldsymbol{y}$ 为 $m\times1$ 输出列矢量;$\boldsymbol{B}$ 为 $n\times r$ 控制矩阵;$\boldsymbol{C}$ 为 $m\times n$ 输出矩阵;$\boldsymbol{D}$ 为 $m\times r$ 直接传递矩阵;$\boldsymbol{x}$,$\boldsymbol{A}$ 为同单变量系统。

同前,对式(3-46)作拉氏变换并认为初始条件为零,得

$$\begin{cases}\boldsymbol{X}(s)=(s\boldsymbol{I}-\boldsymbol{A})^{-1}\boldsymbol{B}\boldsymbol{U}(s)\\ \boldsymbol{Y}(s)=\boldsymbol{C}(s\boldsymbol{I}-\boldsymbol{A})^{-1}\boldsymbol{B}\boldsymbol{U}(s)+\boldsymbol{D}\boldsymbol{U}(s)\end{cases}\tag{3-47}$$

故输入与状态变量间的传递函数为

$$\boldsymbol{W}_{ux}(s)=(s\boldsymbol{I}-\boldsymbol{A})^{-1}\boldsymbol{B}\tag{3-48}$$

它是一个 $n\times r$ 矩阵函数。

由上可得系统传递函数为

$$\boldsymbol{W}(s)=\boldsymbol{C}(s\boldsymbol{I}-\boldsymbol{A})^{-1}\boldsymbol{B}+\boldsymbol{D}\tag{3-49}$$

它是一个 $m\times r$ 矩阵函数,即

$$\boldsymbol{W}(s)=\begin{bmatrix} W_{11}(s) & W_{12}(s) & \cdots & W_{1r}(s) \\ W_{21}(s) & W_{22}(s) & \cdots & W_{2r}(s) \\ \vdots & \vdots & & \vdots \\ W_{m1}(s) & W_{m2}(s) & \cdots & W_{mr}(s) \end{bmatrix}$$

其中各元素 $W_{ij}(s)$都是标量函数,它表示第 j 个输入对第 i 个输出的传递关系。当 $i\neq j$ 时,意味着不同标号的插入与输出相互关联,称为有耦合关系,这正是多变量系统的特点。

式(3-49)还可以表示为

$$\boldsymbol{W}(s)=\frac{1}{|s\boldsymbol{I}-\boldsymbol{A}|}\left[\boldsymbol{C}(s\boldsymbol{I}-\boldsymbol{A})^{*}\boldsymbol{B}+\boldsymbol{D}|s\boldsymbol{I}-\boldsymbol{A}|\right] \tag{3-50}$$

可以看出,$\boldsymbol{W}(s)$的分母就是系统矩阵 $\boldsymbol{A}$ 的特征多项式,$\boldsymbol{W}(s)$的分子是一个多项式矩阵。

应当指出的是,同一系统,尽管其状态空间表达式可以做各种非奇异变换而不是唯一的,但它的传递函数阵是不变的。对于已知系统如式(3-46),其传递函数阵为式(3-49)。当进行坐标变换即令 $\boldsymbol{z}=\boldsymbol{T}^{-1}\boldsymbol{x}$ 时,则该系统的状态空间表达式为

$$\begin{cases} \dot{\boldsymbol{z}}=\boldsymbol{T}^{-1}\boldsymbol{A}\boldsymbol{T}\boldsymbol{z}+\boldsymbol{T}^{-1}\boldsymbol{B}\boldsymbol{u} \\ \boldsymbol{y}=\boldsymbol{C}\boldsymbol{T}\boldsymbol{z}+\boldsymbol{D}\boldsymbol{u} \end{cases} \tag{3-51}$$

那么对应上式的传递函数阵$\widetilde{\boldsymbol{W}}(s)$应为

$$\begin{aligned} \widetilde{\boldsymbol{W}}(s) &= \boldsymbol{C}\boldsymbol{T}(s\boldsymbol{I}-\boldsymbol{T}^{-1}\boldsymbol{A}\boldsymbol{T})^{-1}\boldsymbol{T}^{-1}\boldsymbol{B}+\boldsymbol{D} \\ &= \boldsymbol{C}\left[\boldsymbol{T}(s\boldsymbol{I}-\boldsymbol{T}^{-1}\boldsymbol{A}\boldsymbol{T})\boldsymbol{T}^{-1}\right]^{-1}\boldsymbol{B}+\boldsymbol{D} \\ &= \boldsymbol{C}\left[\boldsymbol{T}(s\boldsymbol{I})\boldsymbol{T}^{-1}-\boldsymbol{T}\boldsymbol{T}^{-1}\boldsymbol{A}\boldsymbol{T}\boldsymbol{T}^{-1}\right]^{-1}\boldsymbol{B}+\boldsymbol{D} \\ &= \boldsymbol{C}(s\boldsymbol{I}-\boldsymbol{A})^{-1}\boldsymbol{B}+\boldsymbol{D} \\ &= \boldsymbol{W}(s) \end{aligned}$$

即同一系统的传递函数阵是唯一的。

例 3.10　已知系统系数矩阵

$$\boldsymbol{A}=\begin{bmatrix} 0 & 1 & 0 \\ 0 & 0 & 1 \\ -6 & -11 & -6 \end{bmatrix},\quad \boldsymbol{B}=\begin{bmatrix} 1 & 0 \\ 2 & -1 \\ 0 & 2 \end{bmatrix},\quad \boldsymbol{C}=\begin{bmatrix} 1 & -1 & 0 \\ 2 & 1 & -1 \end{bmatrix}$$

试求系统的传递函数矩阵。

解　可通过关系式 $\boldsymbol{W}(s)=\boldsymbol{C}(s\boldsymbol{I}-\boldsymbol{A})^{-1}\boldsymbol{B}$ 求解传递函数矩阵。

已知

$$A=\begin{bmatrix}0&1&0\\0&0&1\\-6&-11&-6\end{bmatrix},\quad B=\begin{bmatrix}1&0\\2&-1\\0&2\end{bmatrix},\quad C=\begin{bmatrix}1&-1&0\\2&1&-1\end{bmatrix}$$

可得

$$sI-A=\begin{bmatrix}s&-1&0\\0&s&-1\\6&11&s+6\end{bmatrix}$$

$$|sI-A|=s^3+6s^2+11s+6$$

于是系统的传递函数矩阵为

$$W(s)=C(sI-A)^{-1}B=\begin{bmatrix}1&-1&0\\2&1&-1\end{bmatrix}\begin{bmatrix}s&-1&0\\0&s&-1\\6&11&s+6\end{bmatrix}^{-1}\begin{bmatrix}1&0\\2&-1\\0&2\end{bmatrix}$$

$$=\frac{1}{s^3+6s^2+11s+6}\begin{bmatrix}1&-1&0\\2&1&-1\end{bmatrix}\begin{bmatrix}s^2+6s+11&s+6&1\\-6&s^2+6s&s\\-6s&-11s-6&s^2\end{bmatrix}\begin{bmatrix}1&0\\2&-1\\0&2\end{bmatrix}$$

$$=\frac{1}{s^3+6s^2+11s+6}\begin{bmatrix}-s^2-4s+29&s^2+3s-4\\4s^2+56s+52&-3s^2-17s-14\end{bmatrix}$$

3.3.3.2 子系统在各种连接时的传递函数阵

实际的控制系统一般是由多个子系统以串联、并联或反馈的方式组合而成的。本节讨论在已知各子系统的传递函数阵或者状态空间表达式时，如何求解组合系统的传递函数阵或者状态空间表达式问题。

设子系统 1 的状态空间表达式为

$$\begin{cases}\dot{x}_1=A_1x_1+B_1u_1\\y_1=C_1x_1+D_1u_1\end{cases}\tag{3-52}$$

简记为 $\Sigma_1(A_1,B_1,C_1,D_1)$，其传递函数阵为

$$W_1(s)=C_1(sI-A_1)^{-1}B_1+D_1\tag{3-53}$$

子系统 2 的状态空间表达式为

$$\begin{cases}\dot{x}_2=A_2x_2+B_2u_2\\y_2=C_2x_2+D_2u_2\end{cases}\tag{3-54}$$

简记为 $\Sigma_2(A_2,B_2,C_2,D_2)$，其传递函数阵为

$$W_2(s)=C_2(sI-A_2)^{-1}B_2+D_2\tag{3-55}$$

1. 并联连接

设子系统 1 和 2 的输入和输出维数相同，系统并联后的结构如图 3.9 所示。

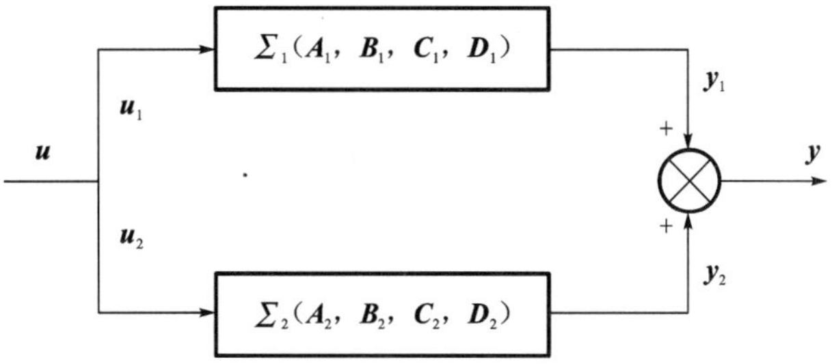

图 3.9　子系统并联

由图 3.9 可知

$$\boldsymbol{u}=\boldsymbol{u}_1=\boldsymbol{u}_2$$

$$\boldsymbol{y}=\boldsymbol{y}_1+\boldsymbol{y}_2$$

则并联后系统的状态空间表达式为

$$\begin{cases}\begin{bmatrix}\dot{\boldsymbol{x}}_1\\ \dot{\boldsymbol{x}}_2\end{bmatrix}=\begin{bmatrix}\boldsymbol{A}_1 & \boldsymbol{0}\\ \boldsymbol{0} & \boldsymbol{A}_2\end{bmatrix}\begin{bmatrix}\boldsymbol{x}_1\\ \boldsymbol{x}_2\end{bmatrix}+\begin{bmatrix}\boldsymbol{B}_1\\ \boldsymbol{B}_2\end{bmatrix}\boldsymbol{u}\\ \boldsymbol{y}=\begin{bmatrix}\boldsymbol{C}_1 & \boldsymbol{C}_2\end{bmatrix}\begin{bmatrix}\boldsymbol{x}_1\\ \boldsymbol{x}_2\end{bmatrix}+(\boldsymbol{D}_1+\boldsymbol{D}_2)\boldsymbol{u}\end{cases}\tag{3-56}$$

并联后系统的传递函数阵为

$$\begin{aligned}\boldsymbol{W}_0(s)&=\boldsymbol{C}(s\boldsymbol{I}-\boldsymbol{A})^{-1}\boldsymbol{B}+\boldsymbol{D}\\ &=\begin{bmatrix}\boldsymbol{C}_1 & \boldsymbol{C}_2\end{bmatrix}\begin{bmatrix}s\boldsymbol{I}-\boldsymbol{A}_1 & \boldsymbol{0}\\ \boldsymbol{0} & s\boldsymbol{I}-\boldsymbol{A}_2\end{bmatrix}^{-1}\begin{bmatrix}\boldsymbol{B}_1\\ \boldsymbol{B}_2\end{bmatrix}+(\boldsymbol{D}_1+\boldsymbol{D}_2)\\ &=\boldsymbol{C}_1(s\boldsymbol{I}-\boldsymbol{A}_1)^{-1}\boldsymbol{B}_1+\boldsymbol{D}_1+\boldsymbol{C}_2(s\boldsymbol{I}-\boldsymbol{A}_2)^{-1}\boldsymbol{B}_2+\boldsymbol{D}_2\\ &=\boldsymbol{W}_1(s)+\boldsymbol{W}_2(s)\end{aligned}\tag{3-57}$$

2. 串联连接

如图 3.10 所示，子系统 1 和 2 串联，此时子系统 1 的输出为子系统 2 的输入，而子系统 2 的输出为串联后系统的输出，即

$$\begin{cases}\boldsymbol{u}=\boldsymbol{u}_1\\ \boldsymbol{y}_1=\boldsymbol{u}_2\\ \boldsymbol{y}=\boldsymbol{y}_2\end{cases}$$

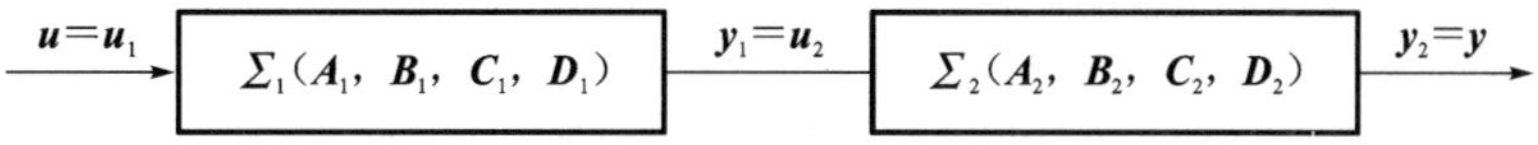

图 3.10　子系统串联

则串联后系统的状态空间表达式为

$$\begin{cases}\dot{\boldsymbol{x}}_1=\boldsymbol{A}_1\boldsymbol{x}_1+\boldsymbol{B}_1\boldsymbol{u}_1\\ \dot{\boldsymbol{x}}_2=\boldsymbol{A}_2\boldsymbol{x}_2+\boldsymbol{B}_2(\boldsymbol{C}_1\boldsymbol{x}_1+\boldsymbol{D}_1\boldsymbol{u}_1)\\ \boldsymbol{y}=\boldsymbol{C}_2\boldsymbol{x}_2+\boldsymbol{D}_2\boldsymbol{u}_2=\boldsymbol{C}_2\boldsymbol{x}_2+\boldsymbol{D}_2(\boldsymbol{C}_1\boldsymbol{x}_1+\boldsymbol{D}_1\boldsymbol{u}_1)=\boldsymbol{D}_2\boldsymbol{C}_1\boldsymbol{x}_1+\boldsymbol{C}_2\boldsymbol{x}_2+\boldsymbol{D}_2\boldsymbol{D}_1\boldsymbol{u}_1\end{cases}$$

即

$$\begin{cases}\begin{bmatrix}\dot{\boldsymbol{x}}_1\\ \dot{\boldsymbol{x}}_2\end{bmatrix}=\begin{bmatrix}\boldsymbol{A}_1 & \boldsymbol{0}\\ \boldsymbol{B}_2\boldsymbol{C}_1 & \boldsymbol{A}_2\end{bmatrix}\begin{bmatrix}\boldsymbol{x}_1\\ \boldsymbol{x}_2\end{bmatrix}+\begin{bmatrix}\boldsymbol{B}_1\\ \boldsymbol{B}_2\boldsymbol{D}_1\end{bmatrix}\boldsymbol{u}\\ \boldsymbol{y}=\begin{bmatrix}\boldsymbol{D}_2\boldsymbol{C}_1 & \boldsymbol{C}_2\end{bmatrix}\begin{bmatrix}\boldsymbol{x}_1\\ \boldsymbol{x}_2\end{bmatrix}+\boldsymbol{D}_2\boldsymbol{D}_1\boldsymbol{u}\end{cases} \tag{3-58}$$

又有

$$\boldsymbol{Y}(s)=\boldsymbol{Y}_2(s)=\boldsymbol{W}_2(s)\boldsymbol{U}_2(s)=\boldsymbol{W}_2(s)\boldsymbol{Y}_1(s)=\boldsymbol{W}_2(s)\boldsymbol{W}_1(s)\boldsymbol{U}_1(s)=\boldsymbol{W}_0(s)\boldsymbol{U}(s)$$

则串联后的传递函数阵为

$$\boldsymbol{W}_0(s)=\boldsymbol{W}_2(s)\boldsymbol{W}_1(s) \tag{3-59}$$

注意：两个子系统串联的传递函数阵为子系统传递函数阵的乘积，但相乘顺序不能颠倒。

3. 反馈连接

具有输出反馈的系统如图 3.11 所示。

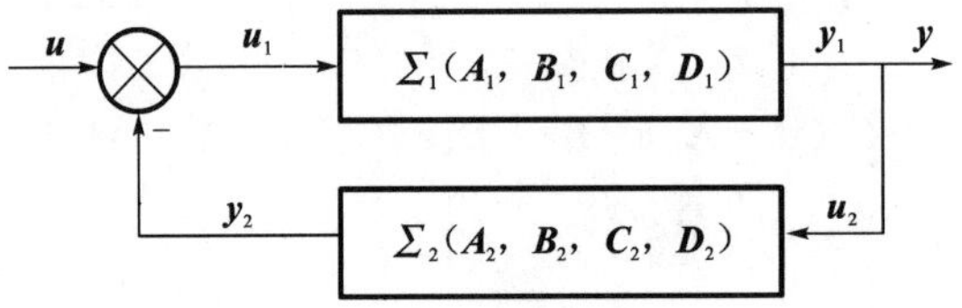

图 3.11　子系统反馈

由图 3.11 可知

$$\boldsymbol{u}_1=\boldsymbol{u}-\boldsymbol{y}_2$$

$$\boldsymbol{y}=\boldsymbol{u}_2=\boldsymbol{y}_1$$

若令 $\boldsymbol{D}_1=\boldsymbol{D}_2=\boldsymbol{0}$，则反馈连接闭环系统的状态空间表达式为

$$\begin{cases}\dot{\boldsymbol{x}}_1=\boldsymbol{A}_1\boldsymbol{x}_1+\boldsymbol{B}_1\boldsymbol{u}_1=\boldsymbol{A}_1\boldsymbol{x}_1+\boldsymbol{B}_1\boldsymbol{u}-\boldsymbol{B}_1\boldsymbol{C}_2\boldsymbol{x}_2\\ \dot{\boldsymbol{x}}_2=\boldsymbol{A}_2\boldsymbol{x}_2+\boldsymbol{B}_2\boldsymbol{u}_2=\boldsymbol{A}_2\boldsymbol{x}_2+\boldsymbol{B}_2\boldsymbol{C}_1\boldsymbol{x}_1\\ \boldsymbol{y}=\boldsymbol{C}_1\boldsymbol{x}_1\end{cases}$$

即

$$\begin{cases}\begin{bmatrix}\dot{\boldsymbol{x}}_1\\ \dot{\boldsymbol{x}}_2\end{bmatrix}=\begin{bmatrix}\boldsymbol{A}_1 & -\boldsymbol{B}_1\boldsymbol{C}_2\\ \boldsymbol{B}_2\boldsymbol{C}_1 & \boldsymbol{A}_2\end{bmatrix}\begin{bmatrix}\boldsymbol{x}_1\\ \boldsymbol{x}_2\end{bmatrix}+\begin{bmatrix}\boldsymbol{B}_1\\ \boldsymbol{0}\end{bmatrix}\boldsymbol{u}\\ \boldsymbol{y}=\begin{bmatrix}\boldsymbol{C}_1 & \boldsymbol{0}\end{bmatrix}\begin{bmatrix}\boldsymbol{x}_1\\ \boldsymbol{x}_2\end{bmatrix}\end{cases} \tag{3-60}$$

又有

$$\boldsymbol{Y}(s)=\boldsymbol{W}_1(s)\boldsymbol{U}_1(s) \tag{3-61}$$

$$\boldsymbol{U}_1(s)=\boldsymbol{U}(s)-\boldsymbol{W}_2(s)\boldsymbol{Y}(s) \tag{3-62}$$

将式(3-62)代入式(3-61)，有

$$\begin{aligned}&\boldsymbol{Y}(s)=\boldsymbol{W}_1(s)\boldsymbol{U}(s)-\boldsymbol{W}_1(s)\boldsymbol{W}_2(s)\boldsymbol{Y}(s)\\ &\Rightarrow[\boldsymbol{I}+\boldsymbol{W}_1(s)\boldsymbol{W}_2(s)]\boldsymbol{Y}(s)=\boldsymbol{W}_1(s)\boldsymbol{U}(s)\\ &\Rightarrow\boldsymbol{Y}(s)=[\boldsymbol{I}+\boldsymbol{W}_1(s)\boldsymbol{W}_2(s)]^{-1}\boldsymbol{W}_1(s)\boldsymbol{U}(s)\end{aligned}$$

则反馈连接后的闭环系统传递函数阵为

$$\boldsymbol{W}(s)=[\boldsymbol{I}+\boldsymbol{W}_1(s)\boldsymbol{W}_2(s)]^{-1}\boldsymbol{W}_1(s) \tag{3-63}$$

3.4　线性离散系统状态空间数学模型的建立及其求解

离散时间系统(或称离散系统)是其中的变量(输入变量、状态变量和输出变量)只在离散的时间点取值的系统，这类系统可以是自然存在的(如社会、经济、工程等领域中的只在离散时间点取值的动态系统)，也可以是通过对连续系统采样而得出的离散化系统。经典控制理论中，线性离散系统的动力学方程是用标量差分方程或脉冲传递函数来描述的，这里导出状态空间描述以便揭示系统内部结构特性。在离散系统或离散化系统的状态模型建立之后，它们的解法则是一样的。

3.4.1　单输入-单输出线性离散系统动态方程的建立

单输入-单输出线性定常离散系统差分方程的一般形式为

$$\begin{aligned}&y(k+n)+a_{n-1}y(k+n-1)+\cdots+a_1y(k+1)+a_0y(k)\\ &=b_nu(k+n)+b_{n-1}u(k+n-1)+\cdots+b_1u(k+1)+b_0u(k)\end{aligned} \tag{3-64}$$

式中，$y(k)$为 kT 时刻的输出量；T 为采样周期；$u(k)$为 kT 时刻的输入量；a_i，b_i（$i=0,1,\cdots,n-1$）是与系统特性有关的常系数。

初始条件为零时，离散函数的 z 变换关系为

$$\begin{cases} Z[y(k)]=y(z) \\ Z[y(k+i)]=z^i y(z) \end{cases} \tag{3-65}$$

对式(3-64)进行 z 变换，整理为

$$\begin{aligned} G(z)=\frac{y(z)}{u(z)}&=\frac{b_n z^n+b_{n-1}z^{n-1}+\cdots+b_1 z+b_0}{z^n+a_{n-1}z^{n-1}+\cdots+a_1 z+a_0} \\ &=b_n+\frac{\beta_{n-1}z^{n-1}+\cdots+\beta_1 z+\beta_0}{z^n+a_{n-1}z^{n-1}+\cdots+a_1 z+a_0} \\ &\xlongequal{\text{def}} b_n+\frac{N(z)}{D(z)} \end{aligned} \tag{3-66}$$

则 $G(z)$称为脉冲传递函数。

例如，在 $N(z)/D(z)$的串联分解实现中，引入中间变量 $Q(z)$，则有

$$\begin{cases} z^n Q(z)+a_{n-1}z^{n-1}Q(z)+\cdots+a_1 zQ(z)+a_0 Q(z)=u(z) \\ y(z)=\beta_{n-1}z^{n-1}Q(z)+\cdots+\beta_1 zQ(z)+\beta_0 Q(z) \end{cases} \tag{3-67}$$

定义状态变量

$$\begin{cases} x_1(z)=Q(z) \\ x_2(z)=zQ(z)=zx_1(z) \\ \quad\vdots \\ x_n(z)=z^{n-1}Q(z)=zx_{n-1}(z) \end{cases} \tag{3-68}$$

于是

$$z^n Q(z)=zx_n(z)=-a_0 x_1(z)-a_1 x_2(z)-\cdots-a_{n-1}x_n(z)+u(z) \tag{3-69}$$

$$y(z)=\beta_0 x_1(z)+\beta_1 x_2(z)+\cdots+\beta_{n-1}x_n(z) \tag{3-70}$$

利用 z 反变换关系

$$\begin{cases} Z^{-1}[x_i(z)]=x_i(k) \\ Z^{-1}[zx_i(z)]=x_i(k+1) \end{cases} \tag{3-71}$$

由式(3-68)～式(3-70)可得动态方程

$$\begin{cases} x_1(k+1)=x_2(k) \\ x_2(k+1)=x_3(k) \\ \quad\vdots \\ x_{n-1}(k+1)=x_n(k) \\ x_n(k+1)=-a_0 x_1(k)-a_1 x_2(k)-\cdots-a_{n-1}x_n(k)+u(k) \end{cases} \tag{3-72}$$

$$y(k)=\beta_0 x_1(k)+\beta_1 x_2(k)+\cdots+\beta_{n-1}x_n(k) \tag{3-73}$$

其向量—矩阵形式为

$$\begin{bmatrix} x_1(k+1) \\ x_2(k+1) \\ \vdots \\ x_{n-1}(k+1) \\ x_n(k+1) \end{bmatrix}=\begin{bmatrix} 0 & 1 & \cdots & 0 \\ 0 & 0 & \cdots & 0 \\ \vdots & \vdots & & \vdots \\ 0 & 0 & \cdots & 1 \\ -a_0 & -a_1 & \cdots & -a_{n-1} \end{bmatrix}\begin{bmatrix} x_1(k) \\ x_2(k) \\ \vdots \\ x_{n-1}(k) \\ x_n(k) \end{bmatrix}+\begin{bmatrix} 0 \\ 0 \\ \vdots \\ 0 \\ 1 \end{bmatrix}u(k) \tag{3-74}$$

$$\boldsymbol{y}(k)=[\beta_0 \quad \beta_1 \quad \cdots \quad \beta_{n-1}]\boldsymbol{x}(k)+\boldsymbol{b}_n u(k) \tag{3-75}$$

简记为

$$\begin{cases} \boldsymbol{x}(k+1)=\boldsymbol{G}\boldsymbol{x}(k)+\boldsymbol{H}u(k) \\ \boldsymbol{y}(k)=\boldsymbol{C}\boldsymbol{x}(k)+\boldsymbol{D}u(k) \end{cases} \tag{3-76}$$

式中，$\boldsymbol{G}$ 为酉矩阵；$\boldsymbol{G}$，$\boldsymbol{H}$ 是可控规范型。

由式(3-76)可见，离散系统状态方程描述了$(k+1)T$ 时刻的状态与 kT 时刻的状态、输入量之间的关系；离散系统输出方程描述了 kT 时刻的输出量与 kT 时刻的状态、输入量之间的关系。线性定常离散系统动态方程的形式如式(3-76)所示。

3.4.2　定常连续系统动态方程的离散化

一般而言，我们常会用定常连续系统动态方程求取离散系统的动态方程表达式，这就涉及定常连续系统动态方程的离散化。

已知定常连续系统状态方程为

$$\dot{\boldsymbol{x}}=\boldsymbol{A}\boldsymbol{x}+\boldsymbol{B}\boldsymbol{u}$$

在 $\boldsymbol{x}(t_0)$ 及 $\boldsymbol{u}(t)$ 作用下的解为

$$\boldsymbol{x}(t)=\boldsymbol{\Phi}(t-t_0)x(t_0)+\int_{t_0}^{t}\boldsymbol{\Phi}(t-\tau)\boldsymbol{B}\boldsymbol{u}(\tau)\mathrm{d}\tau \tag{3-77}$$

令 $t_0=kT$，有

$$\boldsymbol{x}(t_0)=\boldsymbol{x}(kT)=\boldsymbol{x}(k)$$

令 $t=(k+1)T$，有

$$\boldsymbol{x}[(k+1)T]=\boldsymbol{x}(k+1)$$

当 $t\in[kT,(k+1)T)$ 时，有

$$\boldsymbol{u}(k)=\boldsymbol{u}(k+1)=\text{const}$$

于是其解为

$$\boldsymbol{x}(k+1)=\boldsymbol{\Phi}(T)x(k)+\int_{kT}^{(k+1)T}\boldsymbol{\Phi}[(k+1)T-\tau]\boldsymbol{B}\mathrm{d}\tau\cdot\boldsymbol{u}(k) \tag{3-78}$$

记

$$\boldsymbol{G}(T)=\int_{kT}^{(k+1)T}\boldsymbol{\Phi}[(k+1)T-\tau]\boldsymbol{B}\mathrm{d}\tau \tag{3-79}$$

为便于计算 $\boldsymbol{G}(T)$,引入下列变量置换,即令

$$(k+1)T-\tau=\tau'$$

则

$$\boldsymbol{G}(T)=\int_{T}^{0}-\boldsymbol{\Phi}(\tau')\boldsymbol{B}\mathrm{d}\tau'=\int_{0}^{\mathrm{T}}\boldsymbol{\Phi}(\tau)\boldsymbol{B}\mathrm{d}\tau \tag{3-80}$$

故离散化系统状态方程为

$$\boldsymbol{x}(k+1)=\boldsymbol{\Phi}(T)\boldsymbol{x}(k)+\boldsymbol{G}(T)\boldsymbol{u}(k) \tag{3-81}$$

式中,$\boldsymbol{\Phi}(T)$由连续系统的状态转移矩阵 $\boldsymbol{\Phi}(t)$导出,有

$$\boldsymbol{\Phi}(T)=\boldsymbol{\Phi}(t)_{t=T} \tag{3-82}$$

离散化系统输出方程为

$$\boldsymbol{y}(k)=\boldsymbol{C}\boldsymbol{x}(k)+\boldsymbol{D}\boldsymbol{u}(k) \tag{3-83}$$

3.4.3 定常离散系统动态方程的解

1. 递推法求解离散或离散化状态方程

令式(3-81)中 $k=0,1,\cdots,k-1$,可得到 $T,2T,\cdots,kT$ 时刻的状态,即

$k=0$: $\boldsymbol{x}(1)=\boldsymbol{\Phi}(T)\boldsymbol{x}(0)+\boldsymbol{G}(T)\boldsymbol{u}(0)$

$k=1$: $\boldsymbol{x}(2)=\boldsymbol{\Phi}(T)\boldsymbol{x}(1)+\boldsymbol{G}(T)\boldsymbol{u}(1)$

$=\boldsymbol{\Phi}^2(T)\boldsymbol{x}(0)+\boldsymbol{\Phi}(T)\boldsymbol{G}(T)\boldsymbol{u}(0)+\boldsymbol{G}(T)\boldsymbol{u}(1)$

$k=2$: $\boldsymbol{x}(3)=\boldsymbol{\Phi}(T)\boldsymbol{x}(2)+\boldsymbol{G}(T)\boldsymbol{u}(2)$

$=\boldsymbol{\Phi}^3(T)\boldsymbol{x}(0)+\boldsymbol{\Phi}^2(T)\boldsymbol{G}(T)\boldsymbol{u}(0)+\boldsymbol{\Phi}(T)\boldsymbol{G}(T)\boldsymbol{u}(1)+\boldsymbol{G}(T)\boldsymbol{u}(2)$

$\vdots$

$k=k-1$: $\boldsymbol{u}(k)=\boldsymbol{\Phi}(T)\boldsymbol{x}(k-1)+\boldsymbol{G}(T)\boldsymbol{u}(k-1)$

$=\boldsymbol{\Phi}^k(T)\boldsymbol{x}(0)+\boldsymbol{\Phi}^{k-1}(T)\boldsymbol{G}(T)\boldsymbol{u}(0)+\boldsymbol{\Phi}^{k-2}(T)\boldsymbol{G}(T)\boldsymbol{u}(1)+\cdots$

$+\boldsymbol{\Phi}(T)\boldsymbol{G}(T)\boldsymbol{u}(k-2)+\boldsymbol{G}(T)\boldsymbol{u}(k-1)$

$$=\boldsymbol{\Phi}^k(T)\boldsymbol{x}(0)+\sum_{i=0}^{k-1}\boldsymbol{\Phi}^{k-1-i}(T)\boldsymbol{G}(T)\boldsymbol{u}(i) \tag{3-84}$$

式(3-84)为离散化状态方程的解,又称为离散状态转移方程。

当 $\boldsymbol{u}(i)=0(i=0,1,\cdots,k-1)$ 时，有

$$\boldsymbol{x}(k)=\boldsymbol{\Phi}^k(T)\boldsymbol{x}(0)=\boldsymbol{\Phi}(kT)\boldsymbol{x}(0)=\boldsymbol{\Phi}(k)\boldsymbol{x}(0) \tag{3-85}$$

式中，$\boldsymbol{\Phi}(k)$ 称为离散化系统状态转移矩阵。

离散化系统输出方程为

$$\begin{aligned}\boldsymbol{y}(k)&=\boldsymbol{C}\boldsymbol{x}(k)+\boldsymbol{D}\boldsymbol{u}(k)\\&=\boldsymbol{C}\boldsymbol{\Phi}^k(T)\boldsymbol{x}(0)+\boldsymbol{C}\sum_{i=0}^{k-1}\boldsymbol{\Phi}^{k-1-i}(T)\boldsymbol{G}(T)\boldsymbol{u}(i)+\boldsymbol{D}\boldsymbol{u}(k)\end{aligned} \tag{3-86}$$

离散动态方程式的解为

$$\begin{cases}\boldsymbol{x}(k)=\boldsymbol{G}^k\boldsymbol{x}(0)+\displaystyle\sum_{i=0}^{k-1}\boldsymbol{G}^{k-1-i}\boldsymbol{H}\boldsymbol{u}(i)\\ \boldsymbol{y}(k)=\boldsymbol{C}\boldsymbol{G}^k\boldsymbol{x}(0)+\boldsymbol{C}\displaystyle\sum_{i=0}^{k-1}\boldsymbol{G}^{k-1-i}\boldsymbol{H}\boldsymbol{u}(i)+\boldsymbol{D}\boldsymbol{u}(k)\end{cases} \tag{3-87}$$

式中，$\boldsymbol{G}^k$ 表示 k 个 $\boldsymbol{G}$ 自乘。

2. z 变换法求解离散或离散化状态方程

对于线性定常离散系统，在初始时刻 $k_0=0$ 情况下可以采用 z 变换法求解其状态方程。考虑线性定常离散系统状态方程

$$\boldsymbol{x}(k+1)=\boldsymbol{G}\boldsymbol{x}(k)+\boldsymbol{H}\boldsymbol{u}(k) \tag{3-88}$$

具有给定的初始状态 $\boldsymbol{x}(0)$ 和输入信号序列 $\boldsymbol{u}(0),\boldsymbol{u}(1),\boldsymbol{u}(2),\cdots$。对式(3-88)两边作 z 变换，得

$$z\boldsymbol{x}(z)-z\boldsymbol{x}(0)=\boldsymbol{G}\boldsymbol{x}(z)+\boldsymbol{H}\boldsymbol{u}(z) \tag{3-89}$$

整理后则为

$$\boldsymbol{x}(z)=(z\boldsymbol{I}-\boldsymbol{G})^{-1}z\boldsymbol{x}(0)+(z\boldsymbol{I}-\boldsymbol{G})^{-1}\boldsymbol{H}\boldsymbol{u}(z) \tag{3-90}$$

再取 z 反变换，得

$$\boldsymbol{x}(k)=Z^{-1}[(z\boldsymbol{I}-\boldsymbol{G})^{-1}z]\boldsymbol{x}(0)+Z^{-1}[(z\boldsymbol{I}-\boldsymbol{G})^{-1}\boldsymbol{H}\boldsymbol{u}(z)] \tag{3-91}$$

由解的唯一性应该有

$$\boldsymbol{\Phi}(k)=\boldsymbol{G}^k=\boldsymbol{D}^{-1}[(z\boldsymbol{I}-\boldsymbol{G})^{-1}z]$$

$$\sum_{i=0}^{k-1}\boldsymbol{G}^{k-i-1}\boldsymbol{H}\boldsymbol{u}(i)=\boldsymbol{D}^{-1}[(z\boldsymbol{I}-\boldsymbol{G})^{-1}\boldsymbol{H}\boldsymbol{u}(z)]$$

前一个等式就是基于 z 变换的线性定常离散系统状态转移矩阵表达式。

例 3.11　用 z 变换法求线性定常离散系统状态方程

$$\boldsymbol{x}(k+1)=\begin{bmatrix}0 & 1\\-0.2 & -0.9\end{bmatrix}\boldsymbol{x}(k)+\begin{bmatrix}1\\1\end{bmatrix}u(k)$$

在初始状态 $\boldsymbol{x}(0)=\begin{bmatrix}1\\-1\end{bmatrix}$ 和 $u(k)=1(k)$ 为单位阶跃序列时的解。

解 先求出

$$(z\boldsymbol{I}-\boldsymbol{G})^{-1}=\begin{bmatrix}z & -1\\0.2 & z+0.9\end{bmatrix}^{-1}=\begin{bmatrix}\dfrac{z+0.9}{(z+0.4)(z+0.5)} & \dfrac{1}{(z+0.4)(z+0.5)}\\[2ex]\dfrac{-0.2}{(z+0.4)(z+0.5)} & \dfrac{z}{(z+0.4)(z+0.5)}\end{bmatrix}$$

对于单位阶跃序列 $u(k)=1(k)$，有 z 变换 $u(z)=z/(z-1)$。根据式(3-90)，得

$$\begin{aligned}\boldsymbol{x}(z)&=(z\boldsymbol{I}-\boldsymbol{G})^{-1}z\boldsymbol{x}(0)+(z\boldsymbol{I}-\boldsymbol{G})^{-1}\boldsymbol{H}u(z)\\&=\begin{bmatrix}\dfrac{z+0.9}{(z+0.4)(z+0.5)} & \dfrac{1}{(z+0.4)(z+0.5)}\\[2ex]\dfrac{-0.2}{(z+0.4)(z+0.5)} & \dfrac{z}{(z+0.4)(z+0.5)}\end{bmatrix}\left(z\begin{bmatrix}1\\-1\end{bmatrix}+\begin{bmatrix}1\\1\end{bmatrix}\dfrac{z}{z-1}\right)\\&=\begin{bmatrix}\dfrac{z+0.9}{(z+0.4)(z+0.5)} & \dfrac{1}{(z+0.4)(z+0.5)}\\[2ex]\dfrac{-0.2}{(z+0.4)(z+0.5)} & \dfrac{z}{(z+0.4)(z+0.5)}\end{bmatrix}\begin{bmatrix}\dfrac{z^2}{z-1}\\[2ex]\dfrac{-z^2+2z}{z-1}\end{bmatrix}\\&=\begin{bmatrix}\dfrac{z^3-0.1z^2+2z}{(z+0.4)(z+0.5)(z-1)}\\[2ex]\dfrac{-z^3+1.8z^2}{(z+0.4)(z+0.5)(z-1)}\end{bmatrix}=\begin{bmatrix}\dfrac{-\frac{110}{7}z}{z+0.4}+\dfrac{\frac{46}{3}z}{z+0.5}+\dfrac{\frac{29}{21}z}{z-1}\\[2ex]\dfrac{\frac{44}{7}z}{z+0.4}+\dfrac{-\frac{23}{3}z}{z+0.5}+\dfrac{\frac{8}{21}z}{z-1}\end{bmatrix}\end{aligned}$$

取 z 反变换，得

$$\boldsymbol{x}(k)=\begin{bmatrix}-\dfrac{110}{7}(-0.4)^k+\dfrac{46}{3}(-0.5)^k+\dfrac{29}{21}\\[2ex]\dfrac{44}{7}(-0.4)^k-\dfrac{23}{3}(-0.5)^k+\dfrac{8}{21}\end{bmatrix}$$

3.3.4 线性时变连续系统的离散化

已知线性时变连续系统状态方程为

$$\dot{\boldsymbol{x}}(t)=\boldsymbol{A}(t)\boldsymbol{x}(t)+\boldsymbol{B}(t)\boldsymbol{u}(t)$$

在 $\boldsymbol{x}(t_0)$ 及 $\boldsymbol{u}(t_0)$ 作用下的解为

$$\boldsymbol{x}(t)=\boldsymbol{\Phi}(t,t_0)\boldsymbol{x}(t_0)+\int_{t_0}^{t}\boldsymbol{\Phi}(t,\tau)\boldsymbol{B}(\tau)\boldsymbol{u}(\tau)\mathrm{d}\tau \tag{3-92}$$

令 $t_0=kT$ 时的状态 $\boldsymbol{x}(t_k)$ 作为初始状态，当 $t\in[t_k,t_{k+1}]$ 时，有

$$\boldsymbol{u}(t)=\boldsymbol{u}(t_k)=\boldsymbol{u}(t_{k+1})=\text{const}$$

则 t_{k+1} 时刻的状态为

$$\boldsymbol{x}(t_{k+1})=\boldsymbol{\Phi}(t_{k+1},t_k)\boldsymbol{x}(t_k)+\int_{t_k}^{t_{k+1}}\boldsymbol{\Phi}(t_{k+1},\tau)\boldsymbol{B}(\tau)\boldsymbol{u}(\tau)\mathrm{d}\tau \tag{3-93}$$

记

$$\boldsymbol{G}(t_{k+1},t_k)=\int_{t_k}^{t_{k+1}}\boldsymbol{\Phi}(t_{k+1},\tau)\boldsymbol{B}(\tau)\mathrm{d}\tau \tag{3-94}$$

故线性时变系统的离散化状态方程为

$$\boldsymbol{x}(k+1)=\boldsymbol{\Phi}(k+1,k)\boldsymbol{x}(k)+\boldsymbol{G}(k+1,k)\boldsymbol{u}(k) \tag{3-95}$$

式中，$\boldsymbol{\Phi}(k+1,k)$表示 $\boldsymbol{x}(k)$至 $\boldsymbol{x}(k+1)$的状态转移矩阵。式(3-95)可用递推法求解。

离散化输出方程为

$$\boldsymbol{y}(k)=\boldsymbol{C}(k)\boldsymbol{x}(k)+\boldsymbol{D}(k)\boldsymbol{u}(k) \tag{3-96}$$

当所选取的采样周期 T 比系统中最小时间常数还要小一个数量级时，可认为在相邻采样间隔内其时变参数变化很小，可近似当作定常问题来处理。对于 $t\in[kT,(k+1)T]$，有

$$\dot{\boldsymbol{x}}(k)\approx\frac{1}{T}[\boldsymbol{x}(k+1)-\boldsymbol{x}(k)] \tag{3-97}$$

于是 $\dot{\boldsymbol{x}}(t)=\boldsymbol{A}(t)\boldsymbol{x}(t)+\boldsymbol{B}(t)\boldsymbol{u}(t)$可转化为

$$\frac{1}{T}[\boldsymbol{x}(k+1)-\boldsymbol{x}(k)]=\boldsymbol{A}(k)\boldsymbol{x}(k)+\boldsymbol{B}(k)\boldsymbol{u}(k)$$

故近似的时变离散化方程为

$$\boldsymbol{x}(k+1)=[T\boldsymbol{A}(k)+\boldsymbol{I}]\boldsymbol{x}(k)+T\boldsymbol{B}(k)\boldsymbol{u}(k) \tag{3-98}$$

3.5　基于 MATLAB 的控制系统状态空间描述与求解

例 3.12　若给定系统的传递函数为

$$G(s)=\frac{5s^3+7s^2+5s+3}{s^4+4s^3+5s^2+3s+1}$$

利用 MATLAB 语句描述该系统模型。

解　MATLAB 程序如下。

```
>>num=[5 7 5 3];den=[1 4 5 3 1]
```

```
>>printsys(num,den)
```

当传递函数的分子或分母由若干个多项式乘积表示时，它可由 MATLAB 提供的多项式乘法运算函数 cov()来处理，以获得分子和分母多项式系数向量，此函数的调用格式为

$$\boldsymbol{c}=\text{conv}(\boldsymbol{a},\boldsymbol{b})$$

其中，$\boldsymbol{a}$ 和 $\boldsymbol{b}$ 分别为由两个多项式系数构成的向量；$\boldsymbol{c}$ 为 $\boldsymbol{a}$ 和 $\boldsymbol{b}$ 多项式的乘积多项式系数向量。conv()函数的调用是允许多级嵌套的。

例 3.13 若给定系统的传递函数为

$$G(s)=\frac{6(s+4)(s^2+5s+6)}{s\,(s+5)^3(s^3+4s^2+7s+8)}$$

利用 MATLAB 语句描述该系统模型。

解 可以用下列 MATLAB 语句表示。

```
>>num= 6* conv([1  4],[1  5  6])
>>den= conv([1  0],conv([1  5],conv([1  5],conv([1  5],[1  4  7  8]))))
```

例 3.14 设系统的状态空间表达式为

$$\begin{bmatrix}\dot{x}_1\\ \dot{x}_2\\ \dot{x}_3\end{bmatrix}=\begin{bmatrix}0&0&1\\-3&-2&-1\\-2&0&-6\end{bmatrix}\begin{bmatrix}x_1\\x_2\\x_3\end{bmatrix}+\begin{bmatrix}1&1\\-2&-3\\-2&-1\end{bmatrix}\begin{bmatrix}u_1\\u_2\end{bmatrix}$$

$$\begin{bmatrix}y_1\\y_2\end{bmatrix}=\begin{bmatrix}1&0&0\\0&1&0\end{bmatrix}\begin{bmatrix}x_1\\x_2\\x_3\end{bmatrix}$$

利用 MATLAB 语句描述该系统模型。

解 此系统可由下面的 MATLAB 语句唯一地描述出来。

```
>>A= [0  0  1;- 3  - 2  - 1;- 2  0  - 6],B= [1  1;- 2  - 3;- 2  - 1]
>>C= [1  0  0;0  1  0],D= zeros(2,2)
```

例 3.15 在 MATLAB 中将系统

$$G(s)=\frac{1}{s^2+3s+1}\begin{bmatrix}4s+1\\s^2+4s+5\end{bmatrix}$$

变换成状态空间表达式形式的模型。

解 MATLAB 命令如下。

```
>>num= [0  4  1;1  4  5];den= [1  3  1]
```

```
>>[A,B,C,D]= tf2ss(num,den)
```

在 MATLAB 的多变量频域设计(MFD)工具箱中,对多变量系统的状态空间表达式与传递函数矩阵间的相互转换给出了更简单的转换函数,它们的调用格式分别为

```
[num,dencom]= mvss2tf(A,B,C,D)
[A,B,C,D]= mvtf2ss(num,dencom)
```

例 3.16　已知某系统的状态空间表达式为

$$\begin{bmatrix}\dot{x}_1\\\dot{x}_2\\\dot{x}_3\end{bmatrix}=\begin{bmatrix}0&1&0\\0&0&1\\-6&-11&-6\end{bmatrix}\begin{bmatrix}x_1\\x_2\\x_3\end{bmatrix}+\begin{bmatrix}0\\0\\6\end{bmatrix}u,\quad y=\begin{bmatrix}1&0&0\end{bmatrix}\begin{bmatrix}x_1\\x_2\\x_3\end{bmatrix}$$

将其变换为对角规范型。

解　可知系统的特征值为 $\lambda_1=-1,\lambda_2=-2,\lambda_3=-3$。变换矩阵 $\boldsymbol{P}$,根据范德蒙德矩阵可得

$$\boldsymbol{P}^{-1}=\begin{bmatrix}1&1&1\\\lambda_1&\lambda_2&\lambda_3\\\lambda_1^2&\lambda_2^2&\lambda_3^2\end{bmatrix}=\begin{bmatrix}1&1&1\\-1&-2&-3\\1&4&9\end{bmatrix}$$

MATLAB 命令语句如下。

```
>>A= [0  1  0;0  0  1;- 6  - 11  - 6];B= [0;  0;  6];C= [1  0  0];D= 0;
>>P= inv ([1  1  1;- 1  - 2  - 3;1  4  9]);
>>[A1, B1, C1, D1]= ss2ss (A,B,C,D,P)
```

可得系统变换后的对角规范型为

$$\begin{bmatrix}\dot{\hat{x}}_1\\\dot{\hat{x}}_2\\\dot{\hat{x}}_3\end{bmatrix}=\begin{bmatrix}-1&0&0\\0&-2&0\\0&0&-3\end{bmatrix}\begin{bmatrix}\hat{x}_1\\\hat{x}_2\\\hat{x}_3\end{bmatrix}+\begin{bmatrix}3\\-6\\3\end{bmatrix}u,\quad y=\begin{bmatrix}1&1&1\end{bmatrix}\begin{bmatrix}\hat{x}_1\\\hat{x}_2\\\hat{x}_3\end{bmatrix}$$

例 3.17　已知系统的结构图如图 3.12 所示,求系统的传递函数。

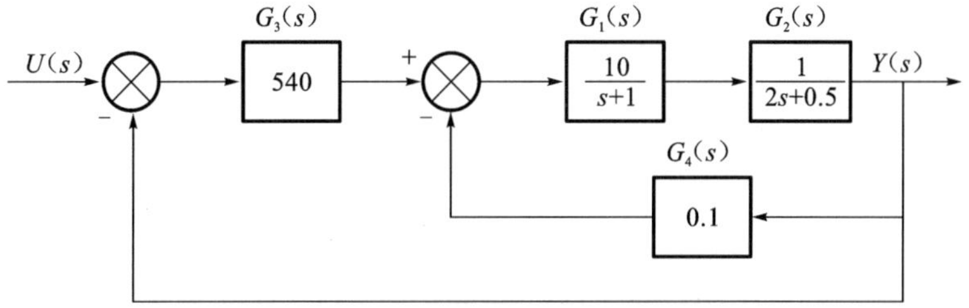

图 3.12　系统结构图

解 MATLAB命令语句如下。

```
>>num1= [1  0];den1= [1  1];num2= [1];den2= [2  0.5];
>>num3= [540];den3= [1];num4= [0.1];den4= [1];
>>[na,da]= series(num1,den1,num2,den2);
>>[nb,db]= feedback(na,da,num4,den4,- 1);
>>[nc,dc]= series(num3,den3,nb,db);
>>[num,den]= cloop(nc,dc,- 1);
>>printsys(num,den)
```

例 3.18 求状态方程

$$\begin{bmatrix}\dot{x}_1\\ \dot{x}_2\\ \dot{x}_3\end{bmatrix}=\begin{bmatrix}0 & 1 & 0\\ 0 & 0 & 1\\ -5 & -7 & -6\end{bmatrix}\begin{bmatrix}x_1\\ x_2\\ x_3\end{bmatrix}$$

在初始条件 $\boldsymbol{x}(0)=[1\quad 0\quad 0]^{\mathrm{T}}$ 下的解。

解 状态转移矩阵 $\mathrm{e}^{\boldsymbol{A}t}$ 和系统自由运动解的数学表达式分别为

$$\mathrm{e}^{\boldsymbol{A}t}=\boldsymbol{I}+\boldsymbol{A}t+\frac{1}{2!}\boldsymbol{A}^2t^2+\cdots+\frac{1}{k!}\boldsymbol{A}^kt^k+\cdots$$

$$\boldsymbol{x}(t)=\mathrm{e}^{\boldsymbol{A}t}\boldsymbol{x}(0)$$

根据以上表达式和初始条件 $\boldsymbol{x}(0)=[1\quad 0\quad 0]^{\mathrm{T}}$ 可得以下 MATLAB 命令语句。

```
>>A= [0  1  0;0  0  1;- 5  - 7  - 6];x0= [1; 0; 0];
>>t= 0: 0.1: 10; x= zeros(3, length (t));
>>for i= 1:length(t)
>>x(:,i)= expm(A* t (i))* x0;
>>end
>>plot(t,x(1,:),t,x(2,:),t,x(3,:))
```

利用以上程序可得在初始条件 $\boldsymbol{x}(0)=[1\quad 0\quad 0]^{\mathrm{T}}$ 下系统状态方程的解，即系统的自由运动。

例 3.19 已知系统的状态方程为 $\boldsymbol{x}(k+1)=\boldsymbol{G}\boldsymbol{x}(k)+\boldsymbol{h}u(k)$，其中

$$\boldsymbol{G}=\begin{bmatrix}0 & 1\\ -2 & -2\end{bmatrix},\quad \boldsymbol{h}=\begin{bmatrix}0\\ 0\end{bmatrix},\quad \boldsymbol{x}(0)=\begin{bmatrix}1\\ -3\end{bmatrix}$$

试求 $u(k)=1$ 时状态方程的解。

解 根据迭代法和系统的已知条件可得如下 MATLAB 命令语句。

```
>>G= [0  1; - 2  - 2]; H= [0; 0];
```

```
>>x0= [1; - 3]; u= 1; x= x0;
>>for k= 1:1:5
>>x1= G* x0+ H* u;
>>x= [x  x1]; x0= x1;
>>end
>>x
```

以上即为系统状态方程在 $k=1,k=2,k=3,k=4,k=5$ 时的解。

例 3.20 对连续系统

$$G(s)=\frac{4(s+1)}{(s+2)(s+3)(s+6)}$$

在采样周期 $T=0.01$ s时进行离散化。

解 MATLAB命令语句如下。

```
>>K= 4; Z= [- 1]; P= [- 2; - 3; - 6]; T= 0.01;
>>[A, B, C, D]= zp2ss (Z, P, K)
>>[G1, H1]= c2d(A,B,T),[G2,H2,C2,D2]= c2dm(A,B,C,D,T,'zoh')
>>[G3,H3,C3,D3]= c2dm(A,B,C,D,T,'foh')
>>[G4,H4,C4,D4]= c2dm(A,B,C,D,T,'tustin')
```

其中，选项'zoh'在变换中输入端采用零阶保持器；'foh'在变换中输入端采用一阶保持器；'tustin'在变换中采用双线性逼近导数。

习　题

3-1 写出以下系统的状态空间表达式。

(1)已知电路图如图 3.13(a)所示，设输入为 u_1，输出为 u_2，求其系统的状态空间表达式。

(2)已知系统如图 3.13(b)所示，求其系统的状态空间表达式。

(3)设有如图 3.13(c)所示的水槽系统，水槽 1 的横截面积为 c_1，水位为 x_1；水槽 2 的横截面积为 c_2，水位为 x_2；设 R_1、R_2、R_3 为各水管的阻抗，推导以水位 x_1、x_2 作为状态变量的系统状态空间表达式。输入 u 是单位时间的流入量，输出 y_1 是单位时间水槽 1 的流出量。

(4)现有以恒压源 u 驱动的如图 3.13(d)所示的电网络，已知输出是图中所示电容 C

的支电压 y_1 和电阻 R_1 的支电压 y_2。选择电感 L 上的支电流 x_1，电容 C 上的支电压 x_2 作为状态变量，求系统的状态空间表达式。

(5)如图 3.13(e)所示的电网络中，已知 u 是恒流源的电流值，输出 y 是 R_3 上的支路电压，试求以电感 L_1、L_2 上的支电流 x_1、x_2 作为状态变量的状态空间表达式。

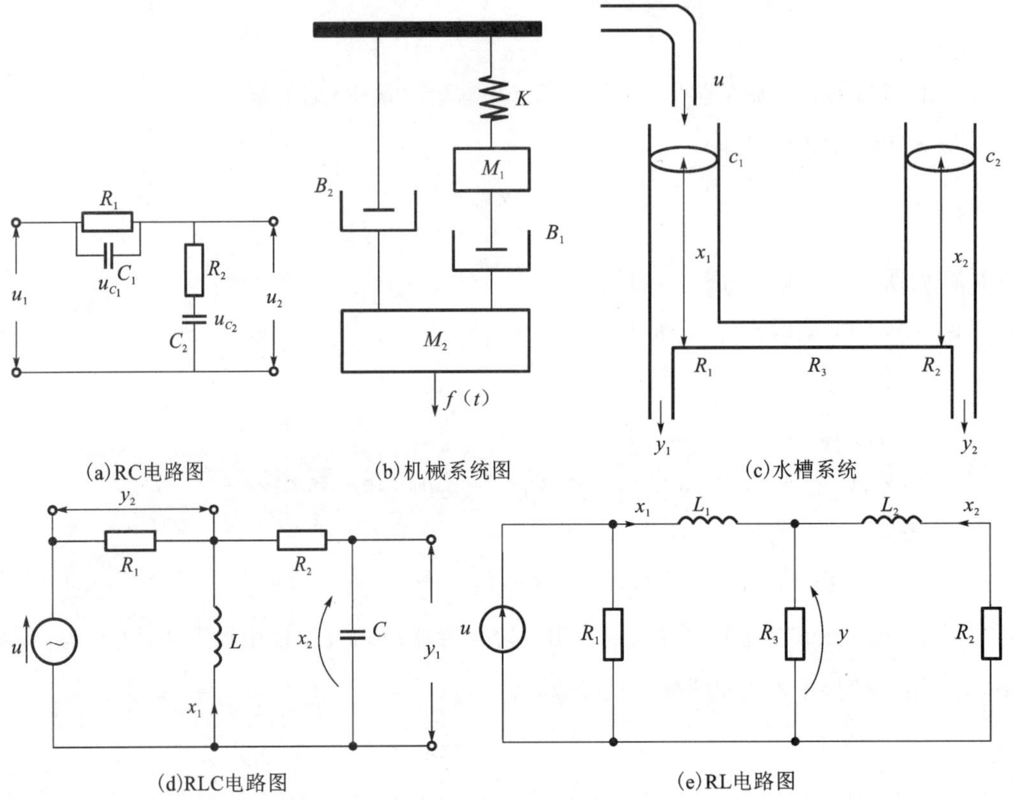

图 3.13 **题** 3-1 **图**

3-2 已知系统的微分方程如下，请写出各自对应的一个状态空间表达式。

(1) $\ddot{y}-y=u$

(2) $\dddot{y}+2\dot{y}+4y=\ddot{u}+4\dot{u}+2u$

(3) $\dddot{y}+4\ddot{y}+5\dot{y}+2y=\ddot{u}+5\dot{u}+4u$

(4) $\dddot{y}+3\ddot{y}+3\dot{y}+y=3u$

3-3 已知传递函数如下，试用直接分解法和串联分解法分别建立其各自的状态空间表达式，并画出状态变量图。

(1) $G(s)=\dfrac{s^4+s+3}{s^3+6s^2+11s+6}$

(2) $G(s)=\dfrac{s^2+2s+1}{s^3+2s^2+3s+1}$

(3) $G(s)=\dfrac{3(s+4)}{s(s+2)(s+3)}$

(4) $G(s)=\dfrac{3s+1}{s^2+7s+6}$

3-4　如图 3.14 所示系统的结构图，推导其状态方程。

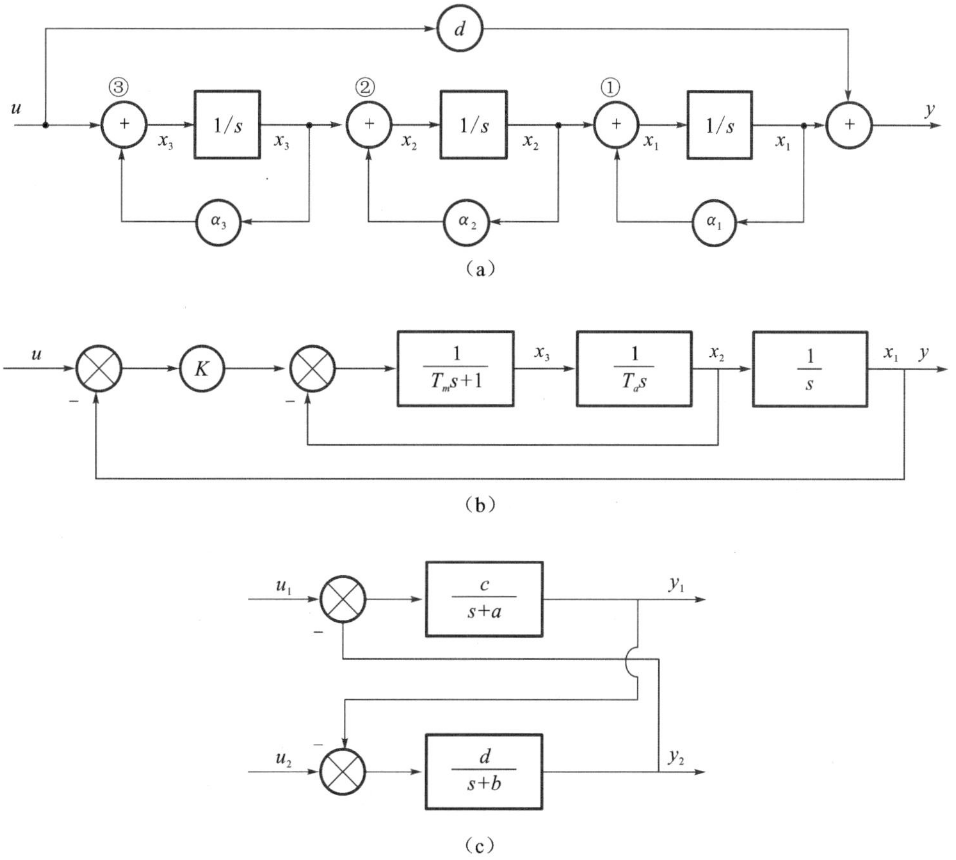

图 3.14　系统结构图

3-5　已知系统状态方程和初始条件为

$$\dot{\boldsymbol{x}}=\begin{bmatrix}1 & 0 & 0\\ 0 & 1 & 0\\ 0 & 1 & 2\end{bmatrix}\boldsymbol{x},\quad \boldsymbol{x}(0)=\begin{bmatrix}1\\ 0\\ 1\end{bmatrix}$$

(1)试用拉普拉斯变换法求其状态转移矩阵；

(2)根据所给初始条件，求齐次状态方程的解。

3-6　矩阵 $\boldsymbol{A}$ 是 2×2 的常数矩阵，关于系统的状态方程式 $\dot{\boldsymbol{x}}=\boldsymbol{A}\boldsymbol{x}$：

$$\boldsymbol{x}(0)=\begin{bmatrix}1\\ -1\end{bmatrix}\text{时，}\quad \boldsymbol{x}=\begin{bmatrix}\mathrm{e}^{-2t}\\ -\mathrm{e}^{-2t}\end{bmatrix}$$

$$x(0)=\begin{bmatrix}2\\-1\end{bmatrix}\text{时}，\quad x=\begin{bmatrix}2e^{-t}\\-e^{-t}\end{bmatrix}$$

试确定这个系统的转移矩阵 $\boldsymbol{\Phi}(t,0)$和矩阵 $\boldsymbol{A}$。

3-7 矩阵 $\boldsymbol{A}$ 是 2×2 常数矩阵，关于系统的状态方程式 $\dot{x}=Ax$：

$$x(0)=\begin{bmatrix}2\\1\end{bmatrix}\text{时}，\quad x=\begin{bmatrix}2e^{-t}\\e^{-t}\end{bmatrix}$$

$$x(0)=\begin{bmatrix}1\\1\end{bmatrix}\text{时}，\quad x=\begin{bmatrix}e^{-t}+2te^{-t}\\e^{-t}+te^{-t}\end{bmatrix}$$

试确定系统的转移矩阵 $\boldsymbol{\Phi}(t,0)$和矩阵 $\boldsymbol{A}$。

3-8 已知系统 $\dot{x}=Ax$ 的转移矩阵为

$$\boldsymbol{\Phi}(t,t_0)=\begin{bmatrix}2e^{-t}-e^{-2t} & 2(e^{-2t}-e^{-t})\\e^{-t}-e^{-2t} & 2e^{-2t}-e^{-t}\end{bmatrix}$$

试确定矩阵 $\boldsymbol{A}$。

3-9 已知系统状态空间表达式为

$$\dot{x}=\begin{bmatrix}0 & 1\\-3 & 4\end{bmatrix}x+\begin{bmatrix}1\\1\end{bmatrix}u,\quad y=[1\quad 1]x$$

(1)求系统的单位阶跃响应；

(2)求系统的脉冲响应。

3-10 已知系统状态方程为

$$\dot{x}=\begin{bmatrix}1 & 0\\1 & 1\end{bmatrix}x+\begin{bmatrix}1\\1\end{bmatrix}u$$

初始条件为 $x_1(0)=1, x_2(0)=0$。试求系统在单位阶跃输入作用下的响应。

3-11 已知系统状态方程为

$$\dot{x}=\begin{bmatrix}-a & 0\\0 & -b\end{bmatrix}x+\begin{bmatrix}\frac{1}{b-a}\\\frac{1}{a-b}\end{bmatrix}u$$

求在输入作用分别为脉冲函数、单位阶跃函数、单位斜坡函数下的状态响应。

3-12 线性时变系统 $\dot{x}(t)=A(t)x(t)$的系数矩阵如下：

(1)$A(t)=\begin{bmatrix}0 & 1\\0 & t\end{bmatrix}$　　(2)$A(t)=\begin{bmatrix}0 & 0\\t & 0\end{bmatrix}$

试求与之对应的状态转移矩阵。

3-13　已知系统的状态空间表达式为

$$\begin{bmatrix}\dot{x}_1\\\dot{x}_2\end{bmatrix}=\begin{bmatrix}-1&1\\0&-1\end{bmatrix}\begin{bmatrix}x_1\\x_2\end{bmatrix}+\begin{bmatrix}1&0\\1&1\end{bmatrix}\begin{bmatrix}u_1\\u_2\end{bmatrix}$$

$$\boldsymbol{y}=\begin{bmatrix}1&2\\-1&1\end{bmatrix}\begin{bmatrix}x_1\\x_2\end{bmatrix}+\begin{bmatrix}1&0\\0&1\end{bmatrix}\begin{bmatrix}u_1\\u_2\end{bmatrix}$$

试求传递函数矩阵。

3-14　给定二阶系统 $\dot{\boldsymbol{x}}=\boldsymbol{A}\boldsymbol{x}, t\geqslant 0$，现知对应于两个不同初态时状态响应为

$$\boldsymbol{x}(0)=\begin{bmatrix}1\\-1\end{bmatrix}\text{时，}\quad x(t)=\begin{bmatrix}\mathrm{e}^{-2t}\\-\mathrm{e}^{-2t}\end{bmatrix}$$

$$\boldsymbol{x}(0)=\begin{bmatrix}2\\-1\end{bmatrix}\text{时，}\quad x(t)=\begin{bmatrix}2\mathrm{e}^{-t}\\-\mathrm{e}^{-t}\end{bmatrix}$$

试求系统矩阵 $\boldsymbol{A}$。

3-15　已知系统状态方程和初始条件分别为

$$\begin{bmatrix}\dot{x}_1\\\dot{x}_2\\\dot{x}_3\end{bmatrix}=\begin{bmatrix}1&0&0\\0&1&0\\0&1&2\end{bmatrix}\begin{bmatrix}x_1\\x_2\\x_3\end{bmatrix},\quad \boldsymbol{x}(0)=\begin{bmatrix}1\\0\\1\end{bmatrix}$$

(1)用拉普拉斯变换法求状态转移矩阵；

(2)求齐次状态方程的解。

3-16　已知线性定常系统的状态方程为

$$\begin{bmatrix}\dot{x}_1(t)\\\dot{x}_2(t)\end{bmatrix}=\begin{bmatrix}0&1\\-2&-3\end{bmatrix}\begin{bmatrix}x_1(t)\\x_2(t)\end{bmatrix}+\begin{bmatrix}0\\1\end{bmatrix}u(t)$$

且初始状态为 $\begin{bmatrix}x_1(0)\\x_2(0)\end{bmatrix}=\begin{bmatrix}1\\-1\end{bmatrix}$，试求以 $u(t)$ 为单位阶跃函数时系统状态方程的解。

3-17　已知线性定常系统的状态空间表达式为

$$\begin{cases}\dot{\boldsymbol{x}}(t)=\begin{bmatrix}0&1\\-5&-6\end{bmatrix}\boldsymbol{x}(t)+\begin{bmatrix}2\\0\end{bmatrix}u(t)\\ y(t)=\begin{bmatrix}1&2\end{bmatrix}\boldsymbol{x}(t)\end{cases}$$

且初始状态 $\boldsymbol{x}(0)=[0,1]^{\mathrm{T}}$，输入量 $u(t)=\mathrm{e}^{-t}(t\geqslant 0)$，试求系统的输出响应。

3-18　试根据下列差分方程建立状态空间方程。

(1) $y(k+3)+11y(k+2)+34y(k+1)+24y(k)$

$=u(k+3)+5u(k+2)-4u(k+1)-20u(k)$

(2) $2y(k+4)+30y(k+3)+156y(k+2)+320y(k+1)+192y(k)$

$=u(k+3)+17u(k+2)+80u(k+1)+100u(k)$

3-19 试根据下列脉冲传递函数建立状态空间方程。

$$W(z)=\frac{Y(z)}{Uz}=10\frac{z(z+2)^2(z+5)}{(z+1)(z+3)^2(z+6)}$$

3-20 已知线性定常离散系统的状态方程式为

$$\boldsymbol{x}(k+1)=\begin{bmatrix}0 & 1\\ -0.1 & -0.7\end{bmatrix}\boldsymbol{x}(k)+\begin{bmatrix}0\\1\end{bmatrix}u(k)$$

试求出系统的状态转移矩阵。

3-21 分别用递推法和 z 变换法求出下述线性定常离散系统在单位阶跃信号下的状态响应及输出响应：

$$\begin{cases}\boldsymbol{x}(k+1)=\begin{bmatrix}0 & 1\\ -0.16 & -1\end{bmatrix}\boldsymbol{x}(k)+\begin{bmatrix}1\\1\end{bmatrix}u(k)\\ y(k)=\begin{bmatrix}1 & 1\end{bmatrix}\boldsymbol{x}(k)\end{cases}$$

已知系统的初始状态为 $\boldsymbol{x}(0)=\begin{bmatrix}1\\-1\end{bmatrix}$。

3-22 已知线性定常离散系统的差分方程如下：

$$y(k+2)+0.5y(k+1)+0.1y(k)=u(k)$$

若设 $u(k)=1,y(0)=1,y(1)=0$，试用递推法求出 $y(k),k=2,3,\cdots,10$。

3-23 已知连续系统的动态方程为

$$\dot{\boldsymbol{x}}=\begin{bmatrix}0 & 1\\ 0 & 2\end{bmatrix}\boldsymbol{x}+\begin{bmatrix}0\\1\end{bmatrix}\boldsymbol{u},\quad y=\begin{bmatrix}1 & 0\end{bmatrix}\boldsymbol{x}$$

设采样周期 $T=1$ s，试求离散化动态方程。

3-24 已知线性定常离散时间系统状态方程为

$$\begin{bmatrix}x_1(k+1)\\ x_2(k+1)\end{bmatrix}=\begin{bmatrix}\frac{1}{2} & \frac{1}{8}\\ \frac{1}{8} & \frac{1}{2}\end{bmatrix}\begin{bmatrix}x_1(k)\\ x_2(k)\end{bmatrix}+\begin{bmatrix}1 & 0\\ 0 & 1\end{bmatrix}\begin{bmatrix}u_1(k)\\ u_2(k)\end{bmatrix},\text{且}\begin{bmatrix}x_1(0)\\ x_2(0)\end{bmatrix}=\begin{bmatrix}-1\\ 3\end{bmatrix}$$

设 $u_1(k)$ 与 $u_2(k)$ 是同步采样，$u_1(k)$ 是来自斜坡函数 t 的采样，而 $u_2(k)$ 是由指数函数 e^{-t} 采样而来，试求该状态方程的解。

第4章

线性控制系统的可控性与可观性

现代控制理论中用状态方程和输出方程描述系统，输入和输出构成系统的外部变量，而状态为系统的内部变量，这就存在着系统内的所有状态是否可受输入影响和是否可由输出反映的问题，这就是可控性和可观性问题。可控性与可观性概念，是卡尔曼于20世纪60年代首先提出来的，是用状态空间描述系统引申出来的新概念，在现代控制理论中起着重要作用。

4.1 线性控制系统的可控性

可控性分为状态可控性和输出可控性。状态可控性问题只与状态方程有关，描述的是系统的输入信号与状态变量的关系。一般而言，除非特别指明，可控性泛指状态可控性。输出可控性问题则与状态方程和输出方程均有关，描述的是输入信号对输出的影响。下面对线性定常系统的可控性进行研究。

4.1.1 可控性定义

线性时变系统的状态方程为

$$\dot{\boldsymbol{x}}=\boldsymbol{A}(t)\boldsymbol{x}+\boldsymbol{B}(t)\boldsymbol{u},\quad t\in T_t \tag{4-1}$$

式中，$\boldsymbol{x}$ 为 n 维状态向量；$\boldsymbol{u}$ 为 m 维输入向量；T_t 为时间定义区间；$\boldsymbol{A}(t)$ 和 $\boldsymbol{B}(t)$ 分别为 $n\times n$ 和 $n\times m$ 矩阵。

1. 状态可控

对于式(4-1)所示的线性时变系统，如果对取定初始时刻 $t_0\in T_t$ 的一个非零初始状

态 $\boldsymbol{x}(t_0)=\boldsymbol{x}_0$，存在一个时刻 $t_1\in T_t(t_1>t_0)$ 和一个无约束的容许控制 $\boldsymbol{u}(t)(t\in[t_0,t_1])$ 状态使 $\boldsymbol{x}(t_1)=\boldsymbol{0}$，则称此 $\boldsymbol{x}_0$ 在时刻 t_0 是可控的。

2. 系统可控

对于式(4-1)所示的线性时变系统，如果状态空间中的所有非零状态都是在 $t_0\in T_t$ 时刻可控的，则称系统在时刻 t_0 是完全可控的。

3. 系统不完全可控

对于式(4-1)所示的线性时变系统，取定初始时刻 $t_0\in T_t$，如果状态空间中有一个或一些非零状态，在时刻 t_0 是不可控的，则称系统在时刻 t_0 是不完全可控的，也可称为系统是不可控的。

在上述定义中，只要求系统在 $\boldsymbol{u}(t)$ 作用下，使 $\boldsymbol{x}(t_0)=\boldsymbol{x}_0$ 转移到 $\boldsymbol{x}(t_1)=\boldsymbol{0}$，而对于状态转移的轨迹不作任何规定。因此，可控性是表征系统状态运动的一个定性特性。此外，对于线性时变系统，其可控性与初始时刻 t_0 的选取有关；而对于线性定常系统，其可控性与初始时刻 t_0 无关。

4.1.2 线性定常系统状态可控性判据

考虑线性定常系统的状态方程为

$$\dot{\boldsymbol{x}}=\boldsymbol{A}\boldsymbol{x}+\boldsymbol{B}\boldsymbol{u},\quad \boldsymbol{x}(0)=\boldsymbol{x}_0 \tag{4-2}$$

式中，$\boldsymbol{x}$ 为 n 维状态变量；$\boldsymbol{u}$ 为 m 维输入向量；$\boldsymbol{A}$ 和 $\boldsymbol{B}$ 分别为 $n\times n$ 和 $n\times m$ 的常数矩阵。下面直接根据线性定常系统的常数矩阵 $\boldsymbol{A}$ 和 $\boldsymbol{B}$ 给出系统可控性的常用判据。

1. 格拉姆矩阵判据

线性定常系统状态方程(4-2)为完全可控的充分必要条件是：存在时刻 $t_1>0$，使如下定义的格拉姆(Gram)矩阵

$$\boldsymbol{W}(0,t_1)\overset{\text{def}}{=\!=\!=}\int_0^{t_1}\mathrm{e}^{-\boldsymbol{A}t}\boldsymbol{B}\boldsymbol{B}^{\mathrm{T}}\mathrm{e}^{-\boldsymbol{A}^{\mathrm{T}}t}\mathrm{d}t \tag{4-3}$$

为非奇异。

格拉姆矩阵判据可以在数学理论上进行证明，本书不再赘述。由于格拉姆矩阵判据在 $\boldsymbol{A}$ 的维数 n 较大时计算较为困难，而且它主要用于理论分析，因此我们在进行可控性判别时，通常使用秩判据。

2. 秩判据

线性定常系统状态方程(4-2)为完全可控的充分必要条件是

$$\mathrm{rank}[\boldsymbol{B}\quad \boldsymbol{A}\boldsymbol{B}\quad \cdots\quad \boldsymbol{A}^{n-1}\boldsymbol{B}]=n \tag{4-4}$$

式中，n 为矩阵 $\boldsymbol{A}$ 的维数，$\boldsymbol{S}=[\boldsymbol{B}\quad \boldsymbol{A}\boldsymbol{B}\quad \cdots\quad \boldsymbol{A}^{n-1}\boldsymbol{B}]$ 称为系统的可控判别阵。

证明　充分性:已知 rank$\boldsymbol{S}=n$,欲证系统为完全可控,采用反证法证明。

假设系统为不完全可控,则根据格拉姆矩阵判据可知

$$\boldsymbol{W}(0,t_1)=\int_0^{t_1}\mathrm{e}^{-\boldsymbol{A}t}\boldsymbol{B}\boldsymbol{B}^{\mathrm{T}}\mathrm{e}^{-\boldsymbol{A}^{\mathrm{T}}t}\mathrm{d}t,\quad t_1>0$$

为奇异。这意味着存在某个非零 n 维常数向量 $\boldsymbol{\alpha}$,使

$$\boldsymbol{\alpha}^{\mathrm{T}}\boldsymbol{W}(0,t_1)\boldsymbol{\alpha}\xlongequal{\text{def}}\int_0^{t_1}\boldsymbol{\alpha}^{\mathrm{T}}\mathrm{e}^{-\boldsymbol{A}t}\boldsymbol{B}\boldsymbol{B}^{\mathrm{T}}\mathrm{e}^{-\boldsymbol{A}^{\mathrm{T}}t}\boldsymbol{\alpha}\,\mathrm{d}t=\int_0^{t_1}[\boldsymbol{\alpha}^{\mathrm{T}}\mathrm{e}^{-\boldsymbol{A}t}\boldsymbol{B}][\boldsymbol{\alpha}^{\mathrm{T}}\mathrm{e}^{-\boldsymbol{A}t}\boldsymbol{B}]^{\mathrm{T}}\mathrm{d}t=\boldsymbol{0}$$

显然,由此可得

$$\boldsymbol{\alpha}^{\mathrm{T}}\mathrm{e}^{-\boldsymbol{A}t}\boldsymbol{B}=\boldsymbol{0},\quad t\in[0,t_1]\tag{4-5}$$

将式(4-5)求导直至 $n-1$ 次,再在所得结果中令 $t=0$,可得

$$\boldsymbol{\alpha}^{\mathrm{T}}\boldsymbol{B}=\boldsymbol{0},\ \boldsymbol{\alpha}^{\mathrm{T}}\boldsymbol{A}\boldsymbol{B}=0,\ \boldsymbol{\alpha}^{\mathrm{T}}\boldsymbol{A}^2\boldsymbol{B}=\boldsymbol{0},\ \cdots,\ \boldsymbol{\alpha}^{\mathrm{T}}\boldsymbol{A}^{n-1}\boldsymbol{B}=\boldsymbol{0}\tag{4-6}$$

然后再将式(4-6)表示为

$$\boldsymbol{\alpha}^{\mathrm{T}}[\boldsymbol{B}\quad \boldsymbol{A}\boldsymbol{B}\quad \cdots\quad \boldsymbol{A}^{n-1}\boldsymbol{B}]=\boldsymbol{\alpha}^{\mathrm{T}}\boldsymbol{S}=\boldsymbol{0}\tag{4-7}$$

由于 $\boldsymbol{\alpha}\neq\boldsymbol{0}$,所以式(4-7)意味着 $\boldsymbol{S}$ 为行线性相关,即 rank$\boldsymbol{S}<n$。这显然与已知条件 rank$\boldsymbol{S}=n$ 相矛盾。所以,假设不成立,系统应为完全可控。充分性得证。

必要性:已知系统完全可控,欲证 rank$\boldsymbol{S}=n$,采用反证法证明。

假设 rank $\boldsymbol{S}<n$,这意味着 $\boldsymbol{S}$ 为行线性相关,因此必存在一个非零 n 维常数向量 $\boldsymbol{\alpha}$,使

$$\boldsymbol{\alpha}^{\mathrm{T}}[\boldsymbol{B}\quad \boldsymbol{A}\boldsymbol{B}\quad \cdots\quad \boldsymbol{A}^{n-1}\boldsymbol{B}]=\boldsymbol{\alpha}^{\mathrm{T}}\boldsymbol{S}=\boldsymbol{0}$$

成立。考虑到问题的一般性,由上式可导出

$$\boldsymbol{\alpha}^{\mathrm{T}}\boldsymbol{A}^{i-1}\boldsymbol{B}=\boldsymbol{0},\quad i=1,2,\cdots,n-1\tag{4-8}$$

根据凯莱-哈密尔顿定理知,$\boldsymbol{A}^n,\boldsymbol{A}^{n+1},\cdots$均可表示为 $\boldsymbol{I},\boldsymbol{A},\boldsymbol{A}^2,\cdots,\boldsymbol{A}^{n-1}$的线性组合,由此可将式(4-8)进一步写为

$$\boldsymbol{\alpha}^{\mathrm{T}}\boldsymbol{A}^i\boldsymbol{B}=\boldsymbol{0},\quad i=1,2,\cdots$$

从而对任意 $t_1>0$,有

$$(-1)^i\boldsymbol{\alpha}^{\mathrm{T}}\frac{\boldsymbol{A}^it^i}{i!}\boldsymbol{B}=\boldsymbol{0},\quad i=1,2,\cdots,\quad t\in[0,t_1]$$

或

$$\boldsymbol{\alpha}^{\mathrm{T}}\left(\boldsymbol{I}-\boldsymbol{A}t+\frac{1}{2!}\boldsymbol{A}^2t^2-\frac{1}{3!}\boldsymbol{A}^3t^3+\cdots\right)\boldsymbol{B}=\boldsymbol{\alpha}^{\mathrm{T}}\mathrm{e}^{-\boldsymbol{A}t}\boldsymbol{B}=\boldsymbol{0},\quad t\in[0,t_1]\tag{4-9}$$

利用式(4-9),则有

$$\boldsymbol{\alpha}^{\mathrm{T}}\int_0^{t_1}\mathrm{e}^{-\boldsymbol{A}t}\boldsymbol{B}\boldsymbol{B}^{\mathrm{T}}\mathrm{e}^{-\boldsymbol{A}^{\mathrm{T}}t}\mathrm{d}t\cdot\boldsymbol{\alpha}=\boldsymbol{\alpha}^{\mathrm{T}}\boldsymbol{W}(0,t)\boldsymbol{\alpha}=\boldsymbol{0}\tag{4-10}$$

因为已知 $\boldsymbol{\alpha}\neq\boldsymbol{0}$,若式(4-10)成立,$\boldsymbol{W}(0,t_1)$必须为奇异,即系统不完全可控。这与已知条件相矛盾的,所以假设不成立,于是有 rank$\boldsymbol{S}=n$。必要性得证。

例 4.1　判别下述系统的可控性:

$$A=\begin{bmatrix}0&1&0&0\\0&0&1&0\\0&0&0&1\\-2&-5&1&-10\end{bmatrix},\quad B=\begin{bmatrix}0\\0\\0\\1\end{bmatrix}$$

解 系统的可控性矩阵及其秩分别为

$$S=[B\quad AB\quad A^2B\quad A^3B]=\begin{bmatrix}0&0&0&1\\0&0&1&-10\\0&1&-10&101\\1&-10&101&-1025\end{bmatrix},\quad \mathrm{rank}S=4$$

因可控判别阵行满秩，故该系统状态可控。

例 4.2 判断下列系统的可控性。

(1) $\begin{bmatrix}\dot{x}_1\\\dot{x}_2\end{bmatrix}=\begin{bmatrix}1&1\\1&0\end{bmatrix}\begin{bmatrix}x_1\\x_2\end{bmatrix}+\begin{bmatrix}0\\1\end{bmatrix}u$；

(2) $\begin{bmatrix}\dot{x}_1\\\dot{x}_2\\\dot{x}_3\end{bmatrix}=\begin{bmatrix}0&1&0\\0&0&1\\-2&-4&-3\end{bmatrix}\begin{bmatrix}x_1\\x_2\\x_3\end{bmatrix}+\begin{bmatrix}1&0\\0&1\\-1&1\end{bmatrix}\begin{bmatrix}u_1\\u_2\end{bmatrix}$。

解 (1)由于该系统控制矩阵 $B=\begin{bmatrix}1\\0\end{bmatrix}$，系统矩阵 $A=\begin{bmatrix}1&1\\1&0\end{bmatrix}$，所以

$$AB=\begin{bmatrix}1&1\\1&0\end{bmatrix}\begin{bmatrix}1\\0\end{bmatrix}=\begin{bmatrix}1\\1\end{bmatrix}$$

从而系统的可控性矩阵为

$$S=[B\quad AB]=\begin{bmatrix}1&1\\0&1\end{bmatrix}$$

显然有

$$\mathrm{rank}S=\mathrm{rank}[B\quad AB]=2$$

满足可控性的充要条件，所以该系统可控。

(2)由于该系统控制矩阵 $B=\begin{bmatrix}1&0\\0&1\\-1&1\end{bmatrix}$，系统矩阵 $A=\begin{bmatrix}0&1&0\\0&0&1\\-2&-4&-3\end{bmatrix}$，则有

$$AB=\begin{bmatrix}0&1&0\\0&0&1\\-2&-4&-3\end{bmatrix}\begin{bmatrix}1&0\\0&1\\-1&1\end{bmatrix}=\begin{bmatrix}0&1\\-1&1\\1&-7\end{bmatrix}$$

$$A^2B=\begin{bmatrix}0 & 1 & 0\\ 0 & 0 & 1\\ -2 & -4 & -3\end{bmatrix}\begin{bmatrix}0 & 1\\ -1 & 1\\ 1 & -7\end{bmatrix}=\begin{bmatrix}-1 & 1\\ 1 & -7\\ 1 & 15\end{bmatrix}$$

从而系统的可控性矩阵为

$$S=[B\quad AB\quad A^2B]=\begin{bmatrix}1 & 0 & 0 & 1 & -1 & 1\\ 0 & 1 & -1 & 1 & 1 & -7\\ -1 & 1 & 1 & -7 & 1 & 15\end{bmatrix}$$

则 $\text{rank}\boldsymbol{S}=3$，满足可控性的充要条件，所以该系统可控。

3. PBH 秩判据

线性定常连续系统(4-2)状态完全可控的充要条件是系统矩阵 $\boldsymbol{A}$ 的所有特征值 λ_i $(i=1,2,\cdots,n)$满足 $\text{rank}[\lambda_i\boldsymbol{I}-\boldsymbol{A}\quad \boldsymbol{B}]=n$。

例 4.3　线性定常系统的状态方程为

$$\dot{x}=\begin{bmatrix}-4 & 5\\ 1 & 0\end{bmatrix}x+\begin{bmatrix}-2\\ 1\end{bmatrix}u$$

试应用 PBH 秩判据判别其可控性。

解　先求得系统的特征值为 $\lambda_1=-5,\lambda_2=1$。

对于 $\lambda_1=-5$，有 $[\lambda_1\boldsymbol{I}-\boldsymbol{A}\quad \boldsymbol{B}]=\begin{bmatrix}-1 & -5 & -2\\ -1 & -5 & 1\end{bmatrix}$，其秩为 2。

对于 $\lambda_2=1$，有 $[\lambda_2\boldsymbol{I}-\boldsymbol{A}\quad \boldsymbol{B}]=\begin{bmatrix}5 & -5 & -2\\ -1 & 1 & 1\end{bmatrix}$，其秩也为 2。

综上，特征值 λ_1 和 λ_2 满足 PBH 秩判据条件，故系统的状态是完全可控的。

4.1.3　系统矩阵为对角阵、约当阵的可控性判据

为了进一步研究系统的特性，有时经线性变换将系统矩阵化成对角规范型或约当规范型，此时应用可控性矩阵可导出判断可控性的直观简捷的方法。

1. 对角阵可控性判据

如果线性定常系统(4-2)的系统矩阵 $\boldsymbol{A}$ 具有互不相同的特征值，则系统状态可控的充要条件是：系统经线性非奇异变换后，系统矩阵 $\boldsymbol{A}$ 变换成对角规范型，它的状态方程为

$$\dot{\hat{x}}=\begin{bmatrix}\lambda_1 & \cdots & 0\\ \vdots & & \vdots\\ 0 & \cdots & \lambda_n\end{bmatrix}\hat{x}+\hat{B}u$$

式中，$\hat{\boldsymbol{B}}$ 不包含元素全为 0 的行。

当系统矩阵有重特征值时，常可以化为约当规范型，这种系统的可控性判据如下。

2. 约当阵可控性判据

若线性定常系统(4-2)的系统矩阵 $\boldsymbol{A}$ 具有重特征值 λ_1(m_1 重)，λ_2(m_2 重)，…，λ_k(m_k 重)，且对应于每一个重特征值只有一个约当块，则系统状态完全可控的充要条件是：经线性非奇异变换后，系统化为约当规范型

$$\dot{\hat{\boldsymbol{x}}}=\begin{bmatrix}\boldsymbol{J}_1 & \boldsymbol{0} & \cdots & \boldsymbol{0}\\ \boldsymbol{0} & \boldsymbol{J}_2 & \cdots & \boldsymbol{0}\\ \vdots & \vdots & & \vdots\\ \boldsymbol{0} & \boldsymbol{0} & \cdots & \boldsymbol{J}_k\end{bmatrix}\hat{\boldsymbol{x}}+\hat{\boldsymbol{B}}\boldsymbol{u}$$

式中，$\hat{\boldsymbol{B}}$ 矩阵中与每个约当块 $\boldsymbol{J}_i(i=1,2,\cdots,k)$ 最后一行相对应的那些行，其各行的元素不全为 0。

例 4.4 试分析约当规范型系统的可控性，其中

$$\boldsymbol{J}=\begin{bmatrix}-3 & 1 & 0 & 0\\ 0 & -3 & 0 & 0\\ 0 & 0 & -5 & 1\\ 0 & 0 & 0 & -5\end{bmatrix},\quad \boldsymbol{B}=\begin{bmatrix}0 & 0\\ -4 & 0\\ 0 & 0\\ 0 & 10\end{bmatrix}$$

解 系统矩阵 $\boldsymbol{J}$ 含两个约当块，即

$$\boldsymbol{J}_1=\begin{bmatrix}-3 & 1\\ 0 & -3\end{bmatrix},\quad \boldsymbol{J}_2=\begin{bmatrix}-5 & 1\\ 0 & -5\end{bmatrix}$$

这两个约当块对应的特征值互异，分别为 -3 和 -5。又在控制矩阵 $\boldsymbol{B}$ 中，与两个约当块的最后一行同行的元素不全为 0，故该约当规范型系统状态可控。

4.1.4 输出可控性

如果需要控制的是输出量，而不是状态，则必须研究输出可控性。

1. 输出可控定义

在有限时间间隔$[t_0,t_1]$内，存在无约束分段连续控制函数 $\boldsymbol{u}(t)$，能使任意初始输出 $\boldsymbol{y}(t_0)$ 转移到任意最终输出 $\boldsymbol{y}(t_1)$，则称此系统是输出完全可控的，简称输出可控的。

2. 输出可控性的判据

线性定常系统状态方程和输出方程分别为

$$\dot{\boldsymbol{x}}=\boldsymbol{A}\boldsymbol{x}+\boldsymbol{B}\boldsymbol{u}$$

$$\boldsymbol{y}=\boldsymbol{C}\boldsymbol{x}+\boldsymbol{D}\boldsymbol{u}$$

式中，$\boldsymbol{u}$ 为 m 维输入向量；$\boldsymbol{y}$ 为 l 维输出向量。

令

$$S_c=[CB\quad CAB\quad CA^2B\quad \cdots\quad CA^{n-1}B\quad D] \tag{4-11}$$

式(4-11)为输出可控性矩阵，是 $l\times(n+1)m$ 矩阵。与状态可控性研究相似，输出可控的充要条件是：输出可控性矩阵的秩为输出变量的数目 l，即

$$\text{rank}\,S_c=l \tag{4-12}$$

应当指出的是：状态可控性与输出可控性是两个概念，它们之间没有什么必然联系。

例 4.5　已知系统状态空间表达式和输出方程分别为

$$\begin{bmatrix}\dot{x}_1\\ \dot{x}_2\\ \dot{x}_3\end{bmatrix}=\begin{bmatrix}-3&1&0\\0&-3&0\\0&0&-1\end{bmatrix}\begin{bmatrix}x_1\\x_2\\x_3\end{bmatrix}+\begin{bmatrix}1&-1\\0&0\\2&0\end{bmatrix}\begin{bmatrix}u_1\\u_2\end{bmatrix}$$

$$\boldsymbol{y}=\begin{bmatrix}1&0&1\\-1&1&0\end{bmatrix}\begin{bmatrix}x_1\\x_2\\x_3\end{bmatrix}$$

试判断系统的输出可控性。

解　系统输出完全可控的充分必要条件是判别矩阵

$$[CB\quad CAB\quad CA^2B\quad \cdots\quad CA^{n-1}B\quad D]$$

的秩等于输出维数即输出变量个数。由于

$$CB=\begin{bmatrix}1&0&1\\-1&1&0\end{bmatrix}\begin{bmatrix}1&-1\\0&0\\2&0\end{bmatrix}=\begin{bmatrix}3&-1\\-1&1\end{bmatrix}$$

$$CAB=\begin{bmatrix}1&0&1\\-1&1&0\end{bmatrix}\begin{bmatrix}-3&1&0\\0&-3&0\\0&0&-1\end{bmatrix}\begin{bmatrix}1&-1\\0&0\\2&0\end{bmatrix}=\begin{bmatrix}-5&3\\3&-3\end{bmatrix}$$

$$CA^2B=\begin{bmatrix}1&0&1\\-1&1&0\end{bmatrix}\begin{bmatrix}9&-6&0\\0&9&0\\0&0&1\end{bmatrix}\begin{bmatrix}1&-1\\0&0\\2&0\end{bmatrix}=\begin{bmatrix}11&-9\\-9&9\end{bmatrix}$$

所以

$$[CB\quad CAB\quad CA^2B\quad D]=\begin{bmatrix}3&-1&-5&3&11&-9\\-1&1&3&-3&-9&9\end{bmatrix}$$

而

$$\text{rank}[CB\quad CAB\quad CA^2B\quad D]=2$$

它等于输出变量的数目，因此该系统是输出可控的。

4.2 线性定常连续系统可观性

在线性系统理论中，可观性与可控性是对偶的概念。系统可观性是研究由系统的输出估计状态的可能性。本节主要介绍线性系统的可观性判别的一些常用判据。

4.2.1 可观性定义

设系统的状态方程和输出方程为

$$\begin{cases}\dot{\boldsymbol{x}}=\boldsymbol{A}(t)\boldsymbol{x}+\boldsymbol{B}(t)\boldsymbol{u}, & t\in T_t\\ \boldsymbol{y}=\boldsymbol{C}(t)\boldsymbol{x}+\boldsymbol{D}(t)\boldsymbol{u}, & \boldsymbol{x}(t_0)=\boldsymbol{x}_0\end{cases} \tag{4-13}$$

式中，$\boldsymbol{A}(t)$，$\boldsymbol{B}(t)$，$\boldsymbol{C}(t)$，$\boldsymbol{D}(t)$分别为$n\times n$，$n\times m$，$l\times n$和$l\times m$的满足状态方程解的存在唯一性条件的时变矩阵。式(4-13)中状态方程的解为

$$\boldsymbol{x}(t)=\boldsymbol{\Phi}(t,t_0)\boldsymbol{x}_0+\int_{t_0}^{t_1}\boldsymbol{\Phi}(t,\tau)\boldsymbol{B}(\tau)\boldsymbol{u}(\tau)\mathrm{d}\tau \tag{4-14}$$

式中，$\boldsymbol{\Phi}(t,\tau)$为系统的状态转移矩阵。

将式(4-14)代入式(4-13)中的输出方程，可得输出响应为

$$\boldsymbol{y}(t)=\boldsymbol{C}(t)\boldsymbol{\Phi}(t,t_0)\boldsymbol{x}_0+\boldsymbol{C}(t)\int_{t_0}^{t_1}\boldsymbol{\Phi}(t,\tau)\boldsymbol{B}(\tau)\boldsymbol{u}(\tau)\mathrm{d}\tau+\boldsymbol{D}(t)\boldsymbol{u}(t) \tag{4-15}$$

在研究可观性问题中，输出$\boldsymbol{y}$假定为已知，设输入$\boldsymbol{u}=\boldsymbol{0}$，只有初始状态$\boldsymbol{x}_0$看作是未知的。因此，式(4-13)成为

$$\begin{cases}\dot{\boldsymbol{x}}=\boldsymbol{A}(t)\boldsymbol{x}, & \boldsymbol{x}(t_0)=\boldsymbol{x}_0, \quad t_0,t\in T_t\\ \boldsymbol{y}=\boldsymbol{C}(t)\boldsymbol{x}\end{cases} \tag{4-16}$$

显然，式(4-15)成为

$$\boldsymbol{y}(t)=\boldsymbol{C}(t)\boldsymbol{\Phi}(t,t_0)\boldsymbol{x}_0 \tag{4-17}$$

以后研究可观性问题都是基于式(4-16)和式(4-17)，这样更为简便。

1. 系统完全可观

对于系统式(4-16)，如果取初始时刻$t_0\in T_t$，存在一个有限时刻$t_1\in T_t$，$t_1>t_0$，如果在时间区间$[t_0,t_1]$内，对于所有$t\in[t_0,t_1]$，系统的输出$\boldsymbol{y}(t)$能唯一确定状态向量的初值$\boldsymbol{x}(t_0)$，则称系统在$[t_0,t_1]$内是完全可观的，简称可观。如果对一切$t_1>t_0$，系统都是可观的，称系统在$[t_0,\infty)$内完全可观。

2. 系统不可观

对于系统式(4-16)，如果在时间区间$[t_0,t_1]$内，对于所有$t\in[t_0,t_1]$，系统的输出$y(t)$

不能唯一确定所有状态的初值 $x_i(t_0)$，$i=1,2,\cdots,n$（至少有一个状态不能被 $y(t)$ 确定），则称系统在时间区间$[t_0,t_1]$内是不完全可观的，简称不可观。

4.2.2　线性定常连续系统的可观性判据

系统的状态方程和输出方程为

$$\begin{cases}\dot{\boldsymbol{x}}=\boldsymbol{A}\boldsymbol{x}+\boldsymbol{B}\boldsymbol{u}, \quad \boldsymbol{x}(t_0)=\boldsymbol{x}_0, \quad t\geqslant 0 \\ \boldsymbol{y}=\boldsymbol{C}\boldsymbol{x}+\boldsymbol{D}\boldsymbol{u}\end{cases} \tag{4-18}$$

式中，$\boldsymbol{x}$ 为 n 维状态向量；$\boldsymbol{y}$ 为 l 维输出向量；$\boldsymbol{A}$ 和 $\boldsymbol{C}$ 分别为 $n\times n$ 和 $l\times n$ 的常值矩阵。

1. 格拉姆矩阵判据

线性定常系统式(4-18)为完全可观的充分必要条件是：存在有限时刻 $t_1>0$，使定义的如下格拉姆矩阵

$$\boldsymbol{M}(0,t_1)\overset{\text{def}}{=\!=\!=}\int_0^{t_1} \mathrm{e}^{\boldsymbol{A}^{\mathrm{T}}t}\boldsymbol{C}^{\mathrm{T}}\boldsymbol{C}\mathrm{e}^{\boldsymbol{A}t}\,\mathrm{d}t \tag{4-19}$$

为非奇异。

2. 秩判据

线性定常系统式(4-18)为完全可观的充分必要条件是

$$\operatorname{rank}\begin{bmatrix}\boldsymbol{C}\\ \boldsymbol{C}\boldsymbol{A}\\ \vdots \\ \boldsymbol{C}\boldsymbol{A}^{n-1}\end{bmatrix}=n$$

或

$$\operatorname{rank}[\boldsymbol{C}^{\mathrm{T}} \quad \boldsymbol{A}^{\mathrm{T}}\boldsymbol{C}^{\mathrm{T}} \quad (\boldsymbol{A}^{\mathrm{T}})^2\boldsymbol{C}^{\mathrm{T}} \quad \cdots \quad (\boldsymbol{A}^{\mathrm{T}})^{n-1}\boldsymbol{C}^{\mathrm{T}}]=n \tag{4-20}$$

式中，记

$$\boldsymbol{Q}=[\boldsymbol{C}^{\mathrm{T}} \quad \boldsymbol{A}^{\mathrm{T}}\boldsymbol{C}^{\mathrm{T}} \quad (\boldsymbol{A}^{\mathrm{T}})\boldsymbol{C}^{\mathrm{T}} \quad \cdots \quad (\boldsymbol{A}^{\mathrm{T}})^{n-1}\boldsymbol{C}^{\mathrm{T}}]$$

两种形式的矩阵均称为系统可观性判别阵，简称可观性阵。其证明方法与可控性秩判据完全类同，具体证明过程在此不再重复。

例 4.6　试确定使下列系统可观的 a,b：

$$\dot{\boldsymbol{x}}=\begin{bmatrix}a & 1\\ 0 & b\end{bmatrix}\boldsymbol{x}, \quad \boldsymbol{y}=[1 \quad -1]\boldsymbol{x}$$

解　由题意知

$$\boldsymbol{A}=\begin{bmatrix}a & 1\\ 0 & b\end{bmatrix}, \quad \boldsymbol{C}=[1 \quad -1]$$

系统的可观性判别阵为

$$Q=\begin{bmatrix}C\\CA\end{bmatrix}=\begin{bmatrix}1&-1\\a&1-b\end{bmatrix}$$

若系统可观，应有

$$Q=\mathrm{rank}\begin{bmatrix}1&-1\\a&1-b\end{bmatrix}=2=n$$

得

$$\begin{vmatrix}1&-1\\a&1-b\end{vmatrix}=1-b+a\neq0$$

因此，系统可观的条件为 $a\neq b-1$。

3. PBH 秩判据

PBH 秩判据：线性定常连续系统(4-18)状态完全可观的充要条件是系统矩阵 $\boldsymbol{A}$ 的所有特征值 $\lambda_i(i=1,2,\cdots,n)$ 满足

$$\mathrm{rank}\begin{bmatrix}\lambda_i\boldsymbol{I}-\boldsymbol{A}\\\boldsymbol{C}\end{bmatrix}=n$$

例 4.7 线性定常系统为

$$\begin{cases}\dot{\boldsymbol{x}}=\begin{bmatrix}-2&0\\0&-5\end{bmatrix}\boldsymbol{x}+\begin{bmatrix}1\\2\end{bmatrix}\boldsymbol{u}\\\boldsymbol{y}=[0\quad 1]\boldsymbol{x}\end{cases}$$

试应用 PBH 秩判据判别其可观性。

解 先求得系统的特征值为 $\lambda_1=-2,\lambda_2=-5$。

对于 $\lambda_1=-2$，有

$$\begin{bmatrix}\lambda_1\boldsymbol{I}-\boldsymbol{A}\\\boldsymbol{C}\end{bmatrix}=\begin{bmatrix}0&0\\0&3\\0&1\end{bmatrix}$$

其秩为 1。

对于 $\lambda_2=-5$，有

$$\begin{bmatrix}\lambda_2\boldsymbol{I}-\boldsymbol{A}\\\boldsymbol{C}\end{bmatrix}=\begin{bmatrix}-3&0\\0&0\\0&1\end{bmatrix}$$

其秩为 2。

显然，λ_1 不满足 PBH 秩判据的条件，故系统的状态是不完全可观的。

4.2.3　系统矩阵为对角阵、约当阵的可观性判据

1. 对角阵规范型判据

如果线性定常系统(4-18)的系统矩阵 $\boldsymbol{A}$ 具有互不相同的特征值，系统经线性非奇异变换后，系统矩阵 $\boldsymbol{A}$ 变换成对角规范型，且对角线上元素互异时，系统状态完全可观的充要条件是输出矩阵 $\boldsymbol{C}$ 不存在元素全为 0 的列。

2. 约当规范型判据 1

如果线性定常系统(4-18)经线性非奇异变换后，系统矩阵 $\boldsymbol{A}$ 为约当阵，且不同约当块具有不同对角元素时，系统状态完全可观的充要条件是输出矩阵$\boldsymbol{C}$ 的与每个约当块首列对应的列元素不全为 0。

3. 约当规范型判据 2

如果线性定常系统(4-18)经线性非奇异变换后，系统矩阵 $\boldsymbol{A}$ 为约当阵，但不同约当块具有相同对角元素时，系统状态完全可观的充要条件是输出矩阵 $\boldsymbol{C}$ 的与每个约当块首列对应的那些列彼此线性无关。

例 4.8　试分析约当规范型系统的可观性，其中

$$\boldsymbol{J}=\begin{bmatrix}-3 & 1 & 0 & 0\\ 0 & -3 & 0 & 0\\ 0 & 0 & -5 & 1\\ 0 & 0 & 0 & -5\end{bmatrix},\quad \boldsymbol{C}=\begin{bmatrix}2 & 0 & 0 & 0\\ 0 & 0 & 10 & 0\end{bmatrix}$$

解　系统矩阵 $\boldsymbol{J}$ 含两个约当块，即

$$\boldsymbol{J}_1=\begin{bmatrix}-3 & 1\\ 0 & -3\end{bmatrix},\quad \boldsymbol{J}_2=\begin{bmatrix}-5 & 1\\ 0 & -5\end{bmatrix}$$

这两个约当块对应的特征值互异，分别为－3 和－5。又在输出矩阵 $\boldsymbol{C}$ 中，与两个约当块的第 1 列同列的元素不全为 0，故该约当规范型状态可观。

4.3　线性离散系统的可控性与可观性

线性离散系统的可控性、可观性无论是在概念上还是在判据上都类似于线性连续系统，本节主要介绍基于线性时变离散系统给出可控性和可观性描述，基于线性定常离散系统给出可控性、可观性判据。

4.3.1 线性离散系统的可控性

1. 可控性定义

线性时变离散系统的状态方程为

$$\begin{cases}\boldsymbol{x}(k+1)=\boldsymbol{G}\boldsymbol{x}(k)+\boldsymbol{H}\boldsymbol{u}(k), \\ \boldsymbol{y}(k)=\boldsymbol{C}\boldsymbol{x}(k)+\boldsymbol{D}\boldsymbol{u}(k),\end{cases} \quad k\in T_k \tag{4-21}$$

式中，$\boldsymbol{x}\in\mathbf{R}^n$ 为系统状态向量；$\boldsymbol{u}\in\mathbf{R}^r$ 为系统输入向量；$\boldsymbol{y}\in\mathbf{R}^m$ 为系统输出向量；$\boldsymbol{G}\in\mathbf{R}^{n\times n}$ 为系统矩阵；$\boldsymbol{H}\in\mathbf{R}^{n\times r}$ 为控制输入矩阵；$\boldsymbol{C}\in\mathbf{R}^{m\times n}$ 为系统输出矩阵；$\boldsymbol{D}\in\mathbf{R}^{m\times r}$ 为系统输入输出关联矩阵；T_k 为离散时间定义区间。

系统可控　对于系统(4-21)的指定初始时刻 h 及任意非零初始状态 $\boldsymbol{x}(h)=\boldsymbol{x}_0$，如果能找到一个无约束的容许控制序列 $\boldsymbol{u}(k)$，使系统状态在有限的时间区间 $[h,l]$ 内运动到原点 $\boldsymbol{x}(l)=\boldsymbol{0}$，则称系统在时刻 h 是可控的。

系统可达　对于系统(4-21)，控制序列 $\boldsymbol{u}(k)$ 能使系统状态在有限时间区间 $[h,l]$ 内从零初始状态 $\boldsymbol{x}(h)=\boldsymbol{0}$ 运动到任意指定的非零终止状态 $\boldsymbol{x}(l)=\boldsymbol{x}_l$ 称为系统在时刻 h 是可达的。

2. 定常离散系统可控性判据

(1)系统矩阵 $\boldsymbol{G}$ 非奇异时，系统状态完全可控的充要条件是

$$\operatorname{rank}[\boldsymbol{H}\quad \boldsymbol{G}\boldsymbol{H}\quad \cdots\quad \boldsymbol{G}^{n-1}\boldsymbol{H}]=n \tag{4-22}$$

而系统矩阵 $\boldsymbol{G}$ 奇异时，式(4-22)成立是系统状态完全可控的充分条件。上式判别矩阵也称线性定常离散系统的可控性矩阵，记作 $\boldsymbol{S}_0$。

(2)系统矩阵 $\boldsymbol{G}$ 非奇异时，多输入系统 l 步($l<n$)状态完全可控的充要条件是

$$\operatorname{rank}[\boldsymbol{H}\quad \boldsymbol{G}\boldsymbol{H}\quad \cdots\quad \boldsymbol{G}^{l-1}\boldsymbol{H}]=n$$

由离散系统可达性定义可得

$$\boldsymbol{x}(l)=[\boldsymbol{H}\quad \boldsymbol{G}\boldsymbol{H}\quad \cdots\quad \boldsymbol{G}^{l-1}\boldsymbol{H}]\begin{bmatrix}\boldsymbol{u}(l-1)\\ \boldsymbol{u}(l-2)\\ \vdots \\ \boldsymbol{u}(0)\end{bmatrix} \tag{4-23}$$

对于任意的非零终止状态 $\boldsymbol{x}(l)$，能从上式求得控制序列 $\boldsymbol{u}(0),\boldsymbol{u}(1),\cdots,\boldsymbol{u}(l-1)$，则系统可达。显然，系统可达的充要条件是

$$\operatorname{rank}[\boldsymbol{H}\quad \boldsymbol{G}\boldsymbol{H}\quad \cdots\quad \boldsymbol{G}^{l-1}\boldsymbol{H}]=n \tag{4-24}$$

结合单输入时 $l=n$ 的情况，可以得出关于线性定常离散系统(4-21)可达性的判据如下：

①系统状态完全可达的充要条件是

$$\operatorname{rank}[\boldsymbol{H}\quad \boldsymbol{G}\boldsymbol{H}\quad \cdots\quad \boldsymbol{G}^{n-1}\boldsymbol{H}]=n \tag{4-25}$$

②多输入系统 l 步($l<n$)状态可达的充要条件是

$$\mathrm{rank}[\boldsymbol{H}\quad \boldsymbol{GH}\quad \cdots\quad \boldsymbol{G}^{l-1}\boldsymbol{H}]=n \tag{4-26}$$

由此可见,在系统矩阵 $\boldsymbol{G}$ 非奇异条件下,离散系统的可控性等价于可达性,若系统矩阵 $\boldsymbol{G}$ 奇异,则不然。

例 4.9　系统的状态方程如下,试判定系统的状态可控性。

$$\boldsymbol{x}(k=1)=\begin{bmatrix}3 & 2\\ 6 & 4\end{bmatrix}\boldsymbol{x}(k)+\begin{bmatrix}1\\ 2\end{bmatrix}u(k),\quad k=0,1,2,\cdots$$

解　$|\boldsymbol{G}|=0$,所以 $\boldsymbol{G}$ 是奇异矩阵,且有

$$\mathrm{rank}\boldsymbol{S}_0=\mathrm{rank}[\boldsymbol{H}\quad \boldsymbol{GH}]=\mathrm{rank}\begin{bmatrix}1 & 7\\ 2 & 14\end{bmatrix}=1<2<n$$

则系统不完全可达。由于 $\boldsymbol{G}$ 奇异,系统状态有可能可控。

$$\boldsymbol{x}(1)=\begin{bmatrix}3 & 2\\ 6 & 4\end{bmatrix}\boldsymbol{x}(0)+\begin{bmatrix}1\\ 2\end{bmatrix}u(0)=\begin{bmatrix}3x_1(0)+2x_2(0)\\ 6x_1(0)+4x_2(0)\end{bmatrix}+\begin{bmatrix}1\\ 2\end{bmatrix}u(0)$$

如果取 $u(0)=-3[x_1(0)+2x_2(0)]$,则 $\boldsymbol{x}$ 一步回零,即 $\boldsymbol{x}(1)=\boldsymbol{0}$,所以系统状态完全可控。

例 4.10　试判断下列离散系统的状态可控性:

$$\boldsymbol{x}(k+1)=\boldsymbol{Gx}(k)+\boldsymbol{Hu}(k)$$

式中

$$\boldsymbol{G}=\begin{bmatrix}-2 & 2 & -1\\ 0 & -2 & 0\\ 1 & -4 & 0\end{bmatrix},\quad \boldsymbol{H}=\begin{bmatrix}0 & 0\\ 0 & 1\\ 1 & 0\end{bmatrix}$$

解

$$\boldsymbol{GH}=\begin{bmatrix}-1 & 2\\ 0 & -2\\ 0 & -4\end{bmatrix},\quad \boldsymbol{G}^2\boldsymbol{H}=\begin{bmatrix}2 & -4\\ 0 & 4\\ -1 & 10\end{bmatrix}$$

故

$$\boldsymbol{S}_0=[\boldsymbol{H}\quad \boldsymbol{GH}\quad \boldsymbol{G}^2\boldsymbol{H}]=\left[\begin{array}{cc:cc:cc}0 & 0 & -1 & 2 & 2 & -4\\ 0 & 1 & 0 & -2 & 0 & 4\\ 1 & 0 & 0 & -4 & -1 & 10\end{array}\right]$$

显然,由前三列组成的 3×3 矩阵的行列式

$$\begin{vmatrix}0 & 0 & -1\\ 0 & 1 & 0\\ 1 & 0 & 0\end{vmatrix}\neq 0$$

故 $\mathrm{rank}\boldsymbol{S}_0=3$,系统可控。

3. 线性时变离散系统可控性判据

与定常系统类似,线性时变离散系统也有关于可控性和可达性的格拉姆矩阵判据。

(1)对于线性时变离散系统,若系统矩阵 $\boldsymbol{G}(k)$ 在时间区间 $[h,l)$ 内非奇异,则系统在 h 时刻状态完全可控的充要条件是格拉姆矩阵

$$\boldsymbol{G}_c(h,l)=\sum_{k=h}^{l-1}\boldsymbol{\Phi}(l,k+1)\boldsymbol{H}(k)\boldsymbol{H}^{\mathrm{T}}(k)\boldsymbol{\Phi}^{\mathrm{T}}(l,k+1) \tag{4-27}$$

为非奇异。如果 $\boldsymbol{G}(k)$ 在时间区间 $[h,l)$ 内存在奇异情况,那么上述格拉姆矩阵非奇异是系统在 h 时刻状态完全可控的充分条件。式中,$\boldsymbol{\Phi}(k,k_0)$ 表示时变离散系统的状态转移矩阵。

(2)线性时变离散系统在时刻状态完全可达的充要条件是格拉姆矩阵为非奇异。系统的可达性判据没有关于系统矩阵 $\boldsymbol{G}(k)$ 非奇异性的要求。

4.3.2 线性离散系统的可观性

1. 可观性定义

对于系统的指定初始时刻 h,在已知输入向量序列 $\boldsymbol{u}(k)$ 的情况下,能够根据有限采样区间 $[h,l]$ 内测量到的输出向量序列 $\boldsymbol{y}(k)$,唯一地确定系统任意的非零初始状态 $\boldsymbol{x}(h)=\boldsymbol{x}_0$,则称系统在 h 时刻是可观的。这里初始时刻 h 和终止时刻 l 都是有定义的离散时刻,且 $l>h$。对于线性定常离散系统,由于其可观性与初始时刻无关,所以不再强调 h 时刻的可观性,而称系统可观。

2. 定常离散系统可观性判据

线性定常离散系统为

$$\begin{cases}\boldsymbol{x}(k+1)=\boldsymbol{G}\boldsymbol{x}(k)+\boldsymbol{H}\boldsymbol{u}(k), & \\ \boldsymbol{y}(k)=\boldsymbol{C}\boldsymbol{x}(k)+\boldsymbol{D}\boldsymbol{u}(k), & k=0,1,2,\cdots \\ \boldsymbol{x}(0)=\boldsymbol{x}_0, & \end{cases} \tag{4-28}$$

式中,$\boldsymbol{x}\in\mathbf{R}^n$ 为系统状态向量;$\boldsymbol{u}\in\mathbf{R}^r$ 为系统输入向量;$\boldsymbol{y}\in\mathbf{R}^m$ 为系统输出向量;$\boldsymbol{G}\in\mathbf{R}^{n\times n}$ 为系统矩阵;$\boldsymbol{H}\in\mathbf{R}^{n\times r}$ 为控制输入矩阵;$\boldsymbol{C}\in\mathbf{R}^{m\times n}$ 为系统输出矩阵。

设通过 n 步能从测量到的输出向量序列 $\boldsymbol{y}(k)(k=0,1,2,\cdots,n-1)$ 唯一地确定出系统任意的非零初始状态 $\boldsymbol{x}(0)=\boldsymbol{x}_0$,由式(4-28)可得

$$\begin{bmatrix}\boldsymbol{y}(0)\\ \boldsymbol{y}(1)\\ \vdots\\ \boldsymbol{y}(n-1)\end{bmatrix}=\begin{bmatrix}\boldsymbol{C}\\ \boldsymbol{C}\boldsymbol{G}\\ \vdots\\ \boldsymbol{C}\boldsymbol{G}^{n-1}\end{bmatrix}\boldsymbol{x}_0 \tag{4-29}$$

这是 qn 个方程求解出 n 维未知量 $\boldsymbol{x}_0$ 的非齐次线性方程组,$\boldsymbol{x}_0$ 有唯一解的充要条件是其

$qn\times n$ 系数矩阵

$$Q_o=\begin{bmatrix}C\\CG\\\vdots\\CG^{n-1}\end{bmatrix}$$

满秩,即秩为 n。因此,可以得出关于线性定常离散系统可观性的判据如下:

线性定常离散系统状态完全可观的充要条件是

$$\text{rank}Q_o=\text{rank}\begin{bmatrix}C\\CG\\\vdots\\CG^{n-1}\end{bmatrix}=n \tag{4-30}$$

式中,Q_o 称为线性定常离散系统的可观性矩阵。

参照连续系统可观性格拉姆矩阵判据以及上面关于离散系统可观性的讨论,还可以得出关于线性定常离散系统可观性的格拉姆矩阵判据如下:

线性定常离散系统状态完全可观的充要条件是格拉姆矩阵

$$G_o(0,l)=\sum_{k=0}^{l-1}(G^T)^kC^TCG^k \tag{4-31}$$

为非奇异,式中 $l>0$ 为有定义的离散时刻。

例 4.11 设线性定常离散系统为

$$\begin{cases}x(k+1)=\begin{bmatrix}2&0&3\\1&-2&0\\2&1&2\end{bmatrix}x(k)\\ y(k)=\begin{bmatrix}1&0&0\\0&1&0\end{bmatrix}x(k)\end{cases}$$

试判别系统的可观性。

解

$$Q_o=\begin{bmatrix}C\\CG\\CG^2\end{bmatrix}=\begin{bmatrix}1&0&0\\0&1&0\\2&0&3\\1&-2&0\\10&3&12\\0&4&3\end{bmatrix}$$

由于 $\mathrm{rank}\boldsymbol{Q}_o=3=n$，故系统是可观的。

例 4.12 判断下列系统的可观性：

$$\begin{cases}\boldsymbol{x}(k+1)=\boldsymbol{G}\boldsymbol{x}(k)+\boldsymbol{H}\boldsymbol{u}(k)\\ \boldsymbol{y}(k)=\boldsymbol{C}_i\boldsymbol{x}(k),\ i=1,2\end{cases}$$

式中

$$\boldsymbol{G}=\begin{bmatrix}1&0&-1\\0&-2&1\\3&0&2\end{bmatrix},\quad \boldsymbol{H}=\begin{bmatrix}2\\-1\\1\end{bmatrix},\quad \boldsymbol{C}_1=\begin{bmatrix}0&1&0\end{bmatrix},\quad \boldsymbol{C}_2=\begin{bmatrix}0&0&1\\1&0&0\end{bmatrix}$$

解 计算可观性矩阵 $\boldsymbol{Q}_o$：

$$(1)\boldsymbol{C}_1^{\mathrm{T}}=\begin{bmatrix}0\\1\\0\end{bmatrix},\quad \boldsymbol{G}^{\mathrm{T}}\boldsymbol{C}_1^{\mathrm{T}}=\begin{bmatrix}0\\-2\\1\end{bmatrix},\quad (\boldsymbol{G}^{\mathrm{T}})^2\boldsymbol{C}_1^{\mathrm{T}}=\begin{bmatrix}3\\4\\0\end{bmatrix},\quad |\boldsymbol{Q}_o|=\begin{vmatrix}0&0&3\\1&-2&4\\0&1&0\end{vmatrix}=3\neq 0$$

故系统可观。

$$(2)\boldsymbol{C}_2^{\mathrm{T}}=\begin{bmatrix}0&1\\0&0\\1&0\end{bmatrix},\quad \boldsymbol{G}^{\mathrm{T}}\boldsymbol{C}_2^{\mathrm{T}}=\begin{bmatrix}3&1\\0&0\\2&-1\end{bmatrix},\quad (\boldsymbol{G}^{\mathrm{T}})^2\boldsymbol{C}_2^{\mathrm{T}}=\begin{bmatrix}9&-2\\0&0\\1&-3\end{bmatrix}$$

$$\boldsymbol{Q}_o=\begin{bmatrix}0&1&3&1&9&-2\\0&0&0&0&0&0\\1&0&2&-1&1&-3\end{bmatrix}$$

显然，$\boldsymbol{Q}_o$ 矩阵出现全零行，故 $\mathrm{rank}\boldsymbol{Q}_o=2\neq 3$，系统不可观。

3. 离散时变系统可观性判据

与定常系统类似，线性时变离散系统也有关于可观性的格拉姆矩阵判据：

线性时变离散系统在 h 时刻状态完全可观的充要条件是格拉姆矩阵

$$\boldsymbol{G}_o(h,l)=\sum_{k=h}^{l-1}\boldsymbol{\Phi}^{\mathrm{T}}(k,h)\boldsymbol{C}^{\mathrm{T}}(k)\cdot\boldsymbol{C}(k)\boldsymbol{\Phi}(k,h) \tag{4-32}$$

为非奇异。式(4-32)中，$\boldsymbol{\Phi}(k,k_0)$ 表示时变离散系统的状态转移矩阵。与系统可控性不同的是，系统的可观性判据没有关于系统矩阵 $\boldsymbol{G}(k)$ 非奇异性的要求。

4.3.3 连续系统离散化后的可控性和可观性

一个状态完全可控和可观的连续系统离散化后，其对应的离散系统是否仍然保持状态完全可控和可观的结构特性是采样控制系统或计算机控制系统要考虑的重要问题。

考虑线性定常连续系统

$$\begin{cases}\dot{\boldsymbol{x}}=\boldsymbol{A}\boldsymbol{x}+\boldsymbol{B}\boldsymbol{u},\ \boldsymbol{x}(t_0)=\boldsymbol{x}_0, & t\geqslant 0\\ \boldsymbol{y}=\boldsymbol{C}\boldsymbol{x}+\boldsymbol{D}\boldsymbol{u}\end{cases} \tag{4-33}$$

设系统的特征值为 $\lambda_1,\lambda_2,\cdots,\lambda_l$，其中 $\lambda_i(i=1,2,\cdots,l)$ 可为实数或共轭复数对，可为单特征值或重特征值，有 $l\leqslant n$。经过采样周期为 T 及采用零阶保持器离散化后的离散系统为

$$\begin{cases}\boldsymbol{x}(k+1)=\boldsymbol{G}\boldsymbol{x}(k)+\boldsymbol{H}\boldsymbol{u}(k),\\ \boldsymbol{y}(k)=\boldsymbol{C}\boldsymbol{x}(k)+\boldsymbol{D}\boldsymbol{u}(k), & k=0,1,2,\cdots\\ \boldsymbol{x}(0)=\boldsymbol{x}_0,\end{cases} \tag{4-34}$$

式中，$\boldsymbol{G}$ 为离散化后系统的系统矩阵，$\boldsymbol{G}=\boldsymbol{\Phi}(T)=\mathrm{e}^{\boldsymbol{A}T}$；$\boldsymbol{H}$ 为离散化后系统的输入矩阵，$\boldsymbol{H}=\left(\int_0^T \mathrm{e}^{\boldsymbol{A}t}\,\mathrm{d}t\right)\boldsymbol{B}$。

系统可控性、可观性在状态空间设计方法中的意义重大和作用明显。具体体现在以下几个方面：

按照经典控制理论的观点，用控制器的零、极点去对消对象靠近虚轴但稳定的极、零点，或者将控制器的零、极点放在对象靠近虚轴但稳定的极、零点附近，设置闭环耦极子，以消除或减弱对象特性不好的零、极点对闭环性能的影响。这种设计方法降低了系统综合的复杂性，但只能实现系统在进入稳态后的动态响应过程的有效控制，而且因为上述闭环零、极点的对消和闭环偶极子，只出现在指令输入到输出的闭环传递函数中，并不出现在扰动输入到输出的闭环传递函数中，扰动作用下系统的波动大，恢复过程慢。

对于多变量系统，因为不同输入输出通道间存在交叉耦合，主导极点、偶极子的概念不再成立。另一方面，多变量系统的零、极点结构非常复杂，零、极点对消不仅难以设计，还会破坏系统的可控性和可观性。以可控性为例，系统不可控子系统的状态会对系统输出产生影响，持续的时间由不可控子系统的极点决定，不能由控制作用改变。彼此靠近的开环零、极点，会导致有闭环极点出现在它们的附近，很高的状态反馈增益也难以将闭环极点从这里移开，系统的可控性很差。状态反馈配置闭环极点，实现内部设计，是多变量反馈控制系统状态空间法设计的基本特征。

为实现状态反馈，观测器设计是必要的。观测器与被控对象并联且有相同的输入，观测误差子系统是不可控的。因为观测输出误差反馈到观测器积分器的输入端，根据对偶性原理，在被控对象可观的条件下，可以任意配置观测器的极点，使观测误差以希望的速度收敛于零，再借助分离性原理，用观测器状态代替对象的状态实现状态反馈，配置闭环系统的极点。这里虽然被控对象的观测器系统不可控，但只要被控对象可控可观，系

统的所有极点就可以任意配置。

输入输出解耦设计本质上是一种输入输出设计，与系统的可控性、可观性没有直接的联系，除非系统各输出的解耦阶常数之和加上输出个数等于系统阶数，否则解耦设计和任意极点配置就不可能兼得。先通过状态反馈得到解耦积分串联型，再进行极点配置的设计方法，解耦后系统没零点，对于有不稳定零点或有靠近虚轴零点的对象，因为存在零、极点的对消，因而是不被接受的，这些情况下就必须选择保留对象相关零点的解耦方案。

在鲁棒跟踪系统设计中，控制器的极点按内模原理设置，状态反馈综合点需设置在对象输入端，极点配置要求被控对象在前、控制器在后的串联系统可控，这可以由对象零点不等于控制器的极点来保证，因为按内模原理设置的控制器的极点是不稳定的，这也保证了闭环系统的稳定性。

在解决实际问题时，状态反馈设计需要根据具体设计任务的不同（如极点配置、解耦或两者兼而有之）进行具体分析。一般来说，借助控制器规范型和观测器规范型进行控制器和观测器设计，可以减少设计参数，得到更好的设计效果，特别对于传递函数矩阵描述的对象，更是如此。

4.4 状态空间的线性变换

经过线性非奇异变换，可以得到系统的无穷多种状态空间表达式，但我们常用一些规范型的状态空间表达式来简化系统的分析和设计。本节主要介绍状态可控的任意单输入单输出系统化为两种可控规范型、状态可观的任意系统化为两种可观规范型的实现问题，以及对角规范型和约当规范型的实现。

考虑线性定常连续系统

$$\begin{cases}\dot{\boldsymbol{x}}=\boldsymbol{A}\boldsymbol{x}+\boldsymbol{B}u\\ y=\boldsymbol{C}\boldsymbol{x}\end{cases}\tag{4-35}$$

4.4.1 可控规范型的实现

对于形如式(4-35)所示的系统，如果系统是状态完全可控的，即满足

$$\operatorname{rank}[\boldsymbol{B}\quad \boldsymbol{A}\boldsymbol{B}\quad \cdots\quad \boldsymbol{A}^{n-1}\boldsymbol{B}]=n$$

则可控性判别阵中至少有 n 个 n 维列矢量是线性无关的，因此在这 $n\times r$ 个列矢量中选取 n 个线性无关的列矢量，以某种线性组合仍能导出一组 n 个线性无关的列矢量，从而导出状态空间表达式的某种可控规范型。

1. 可控规范Ⅰ型的实现

对于状态可控的任意单输入单输出线性定常系统，如式(4-35)所示，经如下线性变换可将其变换为可控规范Ⅰ型，即

$$\boldsymbol{A}_{c1}=\boldsymbol{T}_{c1}^{-1}\boldsymbol{A}\boldsymbol{T}_{c1} \tag{4-36}$$

$$\boldsymbol{B}_{c1}=\boldsymbol{T}_{c1}^{-1}\boldsymbol{B} \tag{4-37}$$

$$\boldsymbol{T}_{c1}=[\boldsymbol{A}^{n-1}\boldsymbol{B}\quad \boldsymbol{A}^{n-2}\boldsymbol{B}\quad \cdots\quad \boldsymbol{A}\boldsymbol{B}\quad \boldsymbol{B}]\begin{bmatrix} 1 & 0 & \cdots & 0 & 0 \\ a_{n-1} & 1 & \cdots & 0 & 0 \\ \vdots & \vdots & & \vdots & \vdots \\ a_2 & a_3 & \cdots & 1 & 0 \\ a_1 & a_2 & \cdots & a_{n-1} & 1 \end{bmatrix} \tag{4-38}$$

式中

$$\boldsymbol{A}_{c1}=\begin{bmatrix} 0 & 1 & 0 & \cdots & 0 \\ 0 & 0 & 1 & \cdots & 0 \\ \vdots & \vdots & \vdots & & \vdots \\ 0 & 0 & 0 & \cdots & 1 \\ -a_0 & -a_1 & -a_2 & \cdots & -a_{n-1} \end{bmatrix},\quad \boldsymbol{B}_{c1}=\begin{bmatrix} 0 \\ 0 \\ \vdots \\ 0 \\ 1 \end{bmatrix}$$

$$\boldsymbol{C}_{c1}=\boldsymbol{C}\boldsymbol{T}_{c1}=[\boldsymbol{\beta}_0\quad \boldsymbol{\beta}_1\quad \cdots\quad \boldsymbol{\beta}_{n-1}]$$

$a_i(i=1,2,\cdots,n-1)$是系统矩阵 $\boldsymbol{A}$ 的特征多项式系数，即

$$D(s)=|s\boldsymbol{I}-\boldsymbol{A}|=s^n+a_{n-1}s^{n-1}+\cdots+a_1s+a_0$$

下面以例 4.13 为例对状态空间表达式如何实现可控规范Ⅰ型变换进行说明。

例 4.13　试将下列状态空间表达式变换成可控规范Ⅰ型：

$$\begin{cases} \dot{\boldsymbol{x}}=\begin{bmatrix} 1 & 2 & 0 \\ 3 & -1 & 1 \\ 0 & 2 & 0 \end{bmatrix}\boldsymbol{x}+\begin{bmatrix} 2 \\ 1 \\ 1 \end{bmatrix}\boldsymbol{u} \\ \boldsymbol{y}=[0\quad 0\quad 1]\boldsymbol{x} \end{cases}$$

解　先判别系统的可控性：

$$\boldsymbol{S}=[\boldsymbol{B}\quad \boldsymbol{A}\boldsymbol{B}\quad \boldsymbol{A}^2\boldsymbol{B}]=\begin{bmatrix} 2 & 4 & 16 \\ 1 & 6 & 8 \\ 1 & 2 & 12 \end{bmatrix}$$

$\operatorname{rank}\boldsymbol{S}=3$，所以系统是可控的。

再计算系统的特征多项式：

$$|\lambda\boldsymbol{I}-\boldsymbol{A}|=\lambda^3-9\lambda+2$$

即 $a_2=0, a_1=-9, a_0=2$，可得

$$\boldsymbol{A}_{c1}=\begin{bmatrix}0 & 1 & 0\\ 0 & 0 & 1\\ -a_0 & -a_1 & -a_2\end{bmatrix}=\begin{bmatrix}0 & 1 & 0\\ 0 & 0 & 1\\ -2 & 9 & 0\end{bmatrix}$$

$$\boldsymbol{C}_{c1}=\boldsymbol{C}[\boldsymbol{A}^2\boldsymbol{B}\quad \boldsymbol{A}\boldsymbol{B}\quad \boldsymbol{B}]\begin{bmatrix}1 & 0 & 0\\ a_2 & 1 & 0\\ a_1 & a_2 & 1\end{bmatrix}$$

$$=[0\quad 0\quad 1]\begin{bmatrix}6 & 4 & 2\\ 8 & 6 & 1\\ 12 & 2 & 1\end{bmatrix}\begin{bmatrix}1 & 0 & 0\\ 0 & 1 & 0\\ -9 & 0 & 1\end{bmatrix}$$

$$=[3\quad 2\quad 1]$$

因此，系统的可控规范Ⅰ型为

$$\begin{cases}\dot{\bar{\boldsymbol{x}}}=\begin{bmatrix}0 & 1 & 0\\ 0 & 0 & 1\\ -2 & 9 & 0\end{bmatrix}\bar{\boldsymbol{x}}+\begin{bmatrix}0\\ 0\\ 1\end{bmatrix}\boldsymbol{u}\\ \boldsymbol{y}=[-9\quad 2\quad 1]\bar{\boldsymbol{x}}\end{cases}$$

2. 可控规范Ⅱ型的实现

对于状态可控的任意单输入单输出线性定常系统，如式(4-35)所示，经如下线性变换可将其变换为可控规范Ⅱ型，即

$$\boldsymbol{A}_{c2}=\boldsymbol{T}_{c2}^{-1}\boldsymbol{A}\boldsymbol{T}_{c2} \tag{4-39}$$

$$\boldsymbol{B}_{c2}=\boldsymbol{T}_{c2}^{-1}\boldsymbol{B} \tag{4-40}$$

$$\boldsymbol{T}_{c2}=\boldsymbol{M}_c=[\boldsymbol{B}\quad \boldsymbol{A}\boldsymbol{B}\quad \boldsymbol{A}^2\boldsymbol{B}\quad \cdots\quad \boldsymbol{A}^{n-1}\boldsymbol{B}] \tag{4-41}$$

式中

$$\begin{cases}\boldsymbol{A}_{c2}=\begin{bmatrix}0 & 0 & \cdots & 0 & -a_0\\ 1 & 0 & \cdots & 0 & -a_1\\ 0 & 1 & \cdots & 0 & -a_2\\ \vdots & \vdots & & \vdots & \vdots\\ 0 & 0 & \cdots & 1 & -a_{n-1}\end{bmatrix},\quad \boldsymbol{B}_{c2}=\begin{bmatrix}1\\ 0\\ \vdots\\ 0\\ 0\end{bmatrix}\\ \boldsymbol{C}_{c2}=\boldsymbol{C}\boldsymbol{P}_{c2}=[\boldsymbol{\beta}_0\quad \boldsymbol{\beta}_1\quad \cdots\quad \boldsymbol{\beta}_{n-1}]\end{cases}$$

同样，$a_i(i=1,2,\cdots,n-1)$是系统矩阵 $\boldsymbol{A}$ 的特征多项式系数。

下面以例 4.14 为例对状态空间表达式如何实现可控规范Ⅱ型变换进行说明。

例 4.14　试将例 4.13 中的系统状态空间表达式变换成可控规范Ⅱ型。

解　在例 4.13 中已经求出 $a_2=0, a_1=-9, a_0=2$。

$$\boldsymbol{T}_{c2}=[\boldsymbol{B}\quad \boldsymbol{AB}\quad \boldsymbol{A}^2\boldsymbol{B}]=\begin{bmatrix}2 & 4 & 16\\1 & 6 & 8\\1 & 2 & 12\end{bmatrix}$$

$$\boldsymbol{A}_{c2}=\boldsymbol{T}_{c2}^{-1}\boldsymbol{A}\boldsymbol{T}_{c2}=\begin{bmatrix}0 & 0 & -2\\1 & 9 & 9\\0 & 1 & 0\end{bmatrix}$$

$$\boldsymbol{B}_{c2}=\boldsymbol{T}_{c2}^{-1}\boldsymbol{B}=\begin{bmatrix}1\\0\\0\end{bmatrix}$$

$$\boldsymbol{C}_{c2}=\boldsymbol{C}\boldsymbol{P}_{c2}=[1\quad 2\quad 12]$$

系统状态空间表达式的可控规范Ⅱ型为

$$\begin{cases}\dot{\bar{\boldsymbol{x}}}=\begin{bmatrix}0 & 0 & -2\\1 & 0 & 9\\0 & 1 & 0\end{bmatrix}\bar{\boldsymbol{x}}+\begin{bmatrix}1\\0\\0\end{bmatrix}\boldsymbol{u}\\ \bar{\boldsymbol{y}}=[1\quad 2\quad 12]\bar{\boldsymbol{x}}\end{cases}$$

4.4.2　可观规范型的实现

1. 可观规范Ⅰ型的实现

对于状态可观的任意单输入单输出线性定常系统，经如下线性变换可将其变换为可观规范Ⅰ型，即

$$\boldsymbol{A}_{o1}=\boldsymbol{T}_{o1}^{-1}\boldsymbol{A}\boldsymbol{T}_{o1}\tag{4-42}$$

$$\boldsymbol{C}_{o1}=\boldsymbol{C}\boldsymbol{T}_{o1}\tag{4-43}$$

$$\boldsymbol{T}_{o1}^{1}=\boldsymbol{M}_0=\begin{bmatrix}\boldsymbol{C}\\\boldsymbol{CA}\\\boldsymbol{CA}\\\vdots\\\boldsymbol{CA}^{n-1}\end{bmatrix}\tag{4-44}$$

$$\boldsymbol{B}_{o1}=\boldsymbol{T}_{o1}^{-1}\boldsymbol{B}=\begin{bmatrix}\boldsymbol{\beta}_0\\ \boldsymbol{\beta}_1\\ \vdots\\ \boldsymbol{\beta}_{n-1}\end{bmatrix} \tag{4-45}$$

式中

$$\boldsymbol{A}_{o1}=\begin{bmatrix}0 & 1 & 0 & \cdots & 0\\ 0 & 0 & 1 & \cdots & 0\\ \vdots & \vdots & \vdots & & \vdots\\ 0 & 0 & 0 & \cdots & 1\\ -a_0 & -a_1 & -a_2 & \cdots & -a_{n-1}\end{bmatrix},\quad \boldsymbol{C}_{o1}=[1\quad 0\quad \cdots\quad 0]$$

2. 可观规范Ⅱ型的实现

对于状态可观的任意单输入单输出线性定常系统，经如下线性变换可将其变换为可观规范Ⅱ型系统，即

$$\boldsymbol{A}_{o2}=\boldsymbol{T}_{o2}^{-1}\boldsymbol{A}\boldsymbol{T}_{o2} \tag{4-46}$$

$$\boldsymbol{C}_{o2}=\boldsymbol{C}\boldsymbol{T}_{o2} \tag{4-47}$$

$$\boldsymbol{T}_{o2}^{-1}=\begin{bmatrix}1 & a_{n-1} & \cdots & a_2 & a_1\\ 0 & 1 & \cdots & a_3 & a_2\\ \vdots & \vdots & & \vdots & \vdots\\ 0 & 0 & \cdots & 1 & a_{n-1}\\ 0 & 0 & \cdots & 0 & 1\end{bmatrix}\begin{bmatrix}\boldsymbol{C}\boldsymbol{A}^{n-1}\\ \boldsymbol{C}\boldsymbol{A}^{n-2}\\ \vdots\\ \boldsymbol{C}\boldsymbol{A}\\ \boldsymbol{C}\end{bmatrix} \tag{4-48}$$

$$\boldsymbol{B}_{o2}=\boldsymbol{T}_{o2}^{-1}\boldsymbol{B}=\begin{bmatrix}\boldsymbol{\beta}_0\\ \boldsymbol{\beta}_1\\ \vdots\\ \boldsymbol{\beta}_{n-1}\end{bmatrix} \tag{4-49}$$

式中

$$\boldsymbol{A}_{o2}=\begin{bmatrix}0 & 0 & \cdots & 0 & -a_0\\ 1 & 0 & \cdots & 0 & -a_1\\ 0 & 1 & \cdots & 0 & -a_2\\ \vdots & \vdots & & \vdots & \vdots\\ 0 & 0 & \cdots & 1 & -a_{n-1}\end{bmatrix},\quad \boldsymbol{C}_{o2}=[0\quad \cdots\quad 0\quad 1]$$

$a_i(i=1,2,\cdots,n-1)$意义同前。

4.4.3　对角规范型和约当规范型的实现

1. 对角线规范型的实现

对于式(4-35)所示系统，设非奇异变换将系统化为对角线规范型，而变换矩阵写为由 n 个列向量组成的形式，即 $\boldsymbol{P}=[\boldsymbol{p}_1 \quad \boldsymbol{p}_2 \quad \cdots \quad \boldsymbol{p}_n]$，则有

$$\overline{\boldsymbol{A}}=\boldsymbol{P}^{-1}\boldsymbol{A}\boldsymbol{P}=\begin{bmatrix}\lambda_1 & 0 & \cdots & 0\\ 0 & \lambda_2 & \cdots & 0\\ \vdots & \vdots & & \vdots\\ 0 & 0 & \cdots & \lambda_n\end{bmatrix} \tag{4-50}$$

所以有

$$\boldsymbol{A}\boldsymbol{P}=\boldsymbol{P}\begin{bmatrix}\lambda_1 & 0 & \cdots & 0\\ 0 & \lambda_2 & \cdots & 0\\ \vdots & \vdots & & \vdots\\ 0 & 0 & \cdots & \lambda_n\end{bmatrix} \tag{4-51}$$

$$\boldsymbol{A}[\boldsymbol{p}_1 \quad \boldsymbol{p}_2 \quad \cdots \quad \boldsymbol{p}_n]=[\boldsymbol{p}_1 \quad \boldsymbol{p}_2 \quad \cdots \quad \boldsymbol{p}_n]\begin{bmatrix}\lambda_1 & 0 & \cdots & 0\\ 0 & \lambda_2 & \cdots & 0\\ \vdots & \vdots & & \vdots\\ 0 & 0 & \cdots & \lambda_n\end{bmatrix} \tag{4-52}$$

由此，可将系统状态空间表达式变换为对角线规范型，即

$$\begin{cases}\dot{\overline{\boldsymbol{x}}}=\boldsymbol{P}^{-1}\boldsymbol{A}\boldsymbol{P}\,\overline{\boldsymbol{x}}+\boldsymbol{P}^{-1}\boldsymbol{B}\boldsymbol{u}=\overline{\boldsymbol{A}}\,\overline{\boldsymbol{x}}+\overline{\boldsymbol{B}}\boldsymbol{u}\\ \boldsymbol{y}=\boldsymbol{C}\boldsymbol{P}\,\overline{\boldsymbol{x}}=\overline{\boldsymbol{C}}\,\overline{\boldsymbol{x}}\end{cases}$$

例 4.15　试将下列状态方程化为对角线规范型。

$$\begin{bmatrix}\dot{x}_1\\ \dot{x}_2\\ \dot{x}_3\end{bmatrix}=\begin{bmatrix}0 & 1 & 0\\ 3 & 0 & 2\\ -12 & -7 & -6\end{bmatrix}\begin{bmatrix}x_1\\ x_2\\ x_3\end{bmatrix}+\begin{bmatrix}2 & 3\\ 1 & 5\\ 7 & 1\end{bmatrix}\begin{bmatrix}u_1\\ u_2\end{bmatrix}$$

解　(1)求特征值。

$$|\lambda\boldsymbol{E}-\boldsymbol{A}|=\begin{bmatrix}\lambda & -1 & 0\\ -3 & \lambda & -2\\ 12 & 7 & \lambda+6\end{bmatrix}=(\lambda+1)(\lambda+2)(\lambda+3)=0$$

易求得 $\lambda_1=-1$，$\lambda_2=-2$，$\lambda_3=-3$。

(2)求特征向量。

对于 $\lambda_1=-1$,有

$$\begin{bmatrix}-1 & -1 & 0\\ -3 & -1 & -2\\ 12 & 7 & 5\end{bmatrix}\begin{bmatrix}v_{11}\\ v_{12}\\ v_{13}\end{bmatrix}=\begin{bmatrix}0\\ 0\\ 0\end{bmatrix}\Rightarrow\begin{bmatrix}v_{11}\\ v_{12}\\ v_{13}\end{bmatrix}=\begin{bmatrix}1\\ -1\\ -1\end{bmatrix}$$

对于 $\lambda_2=-2$,有

$$\begin{bmatrix}-3 & -1 & 0\\ -3 & -2 & -2\\ 12 & 7 & 4\end{bmatrix}\begin{bmatrix}v_{11}\\ v_{12}\\ v_{13}\end{bmatrix}=\begin{bmatrix}0\\ 0\\ 0\end{bmatrix}\Rightarrow\begin{bmatrix}v_{11}\\ v_{12}\\ v_{13}\end{bmatrix}=\begin{bmatrix}2\\ -4\end{bmatrix}$$

对于 $\lambda_2=-3$,有

$$\begin{bmatrix}-3 & -1 & 0\\ -3 & -3 & -2\\ 12 & 7 & 3\end{bmatrix}\begin{bmatrix}v_{11}\\ v_{12}\\ v_{13}\end{bmatrix}=\begin{bmatrix}0\\ 0\\ 0\end{bmatrix}\Rightarrow\begin{bmatrix}v_{11}\\ v_{12}\\ v_{13}\end{bmatrix}=\begin{bmatrix}1\\ -3\\ 3\end{bmatrix}$$

(3)构造 $\boldsymbol{P}$,求 $\boldsymbol{P}^{-1}$。

$$\boldsymbol{P}=\begin{bmatrix}1 & 2 & 1\\ -1 & -4 & -3\\ -1 & 1 & 3\end{bmatrix}\Rightarrow\boldsymbol{P}^{-1}=\begin{bmatrix}\frac{9}{2} & \frac{5}{2} & 1\\ -3 & -2 & -1\\ \frac{5}{2} & \frac{3}{2} & 1\end{bmatrix}$$

(4)求 $\overline{\boldsymbol{A}}$ 和 $\overline{\boldsymbol{B}}$。

$$\overline{\boldsymbol{A}}=\boldsymbol{P}^{-1}\boldsymbol{A}\boldsymbol{P}=\begin{bmatrix}-1 & 0 & 0\\ 0 & -2 & 0\\ 0 & 0 & -3\end{bmatrix}$$

$$\overline{\boldsymbol{B}}=\boldsymbol{P}^{-1}\boldsymbol{B}=\begin{bmatrix}\frac{9}{2} & \frac{5}{2} & 1\\ -3 & -2 & -1\\ \frac{5}{2} & \frac{3}{2} & 1\end{bmatrix}\begin{bmatrix}2 & 3\\ 1 & 5\\ 7 & 1\end{bmatrix}=\begin{bmatrix}\frac{37}{2} & 27\\ -15 & -20\\ \frac{27}{2} & 16\end{bmatrix}$$

所以,系统对角线规范型为

$$\dot{\overline{\boldsymbol{x}}}=\begin{bmatrix}-1 & 0 & 0\\ 0 & -2 & 0\\ 0 & 0 & -3\end{bmatrix}\overline{\boldsymbol{x}}+\begin{bmatrix}\frac{37}{2} & 27\\ -15 & -20\\ \frac{27}{2} & 16\end{bmatrix}\boldsymbol{u}$$

2. 约当规范型的实现

若 $\boldsymbol{A}$ 的独立特征向量个数小于 n，则可将 $\boldsymbol{A}$ 化为约当型矩阵 $\boldsymbol{J}$。矩阵 $\boldsymbol{J}$ 是主对角线上为约当块的准对角型矩阵，即

$$\boldsymbol{J}=\boldsymbol{P}^{-1}\boldsymbol{A}\boldsymbol{P}=\begin{bmatrix} \boldsymbol{J}_1 & & & \boldsymbol{0} \\ & \boldsymbol{J}_2 & & \\ & & \ddots & \\ \boldsymbol{0} & & & \boldsymbol{J}_n \end{bmatrix} \tag{4-53}$$

式中，$\boldsymbol{J}_i \in \mathbf{R}^{m\times m}(i=1,2,\cdots n)$ 主对角线上的元素是 m 重特征值 λ_i，主对角线上方的次对角线上元素均为 1，其余元素均为 0，称为 m 阶约当块，即

$$\boldsymbol{J}_i=\begin{bmatrix} \lambda_i & 1 & \cdots & 0 \\ 0 & \lambda_i & \ddots & \vdots \\ \vdots & \vdots & \ddots & 1 \\ 0 & 0 & \cdots & \lambda_i \end{bmatrix}_{m\times m}, \quad i=1,2,\cdots,l \tag{4-54}$$

其他的计算参照对角线规范型的实现。

例 4.16 试将下列状态方程化为约当规范型。

$$\begin{bmatrix} \dot{x}_1 \\ \dot{x}_2 \\ \dot{x}_3 \end{bmatrix}=\begin{bmatrix} x_1 \\ x_2 \\ x_3 \end{bmatrix}\begin{bmatrix} 4 & 1 & -2 \\ 1 & 0 & 2 \\ 1 & -1 & 3 \end{bmatrix}+\begin{bmatrix} 3 & 1 \\ 2 & 7 \\ 5 & 3 \end{bmatrix}\begin{bmatrix} u_1 \\ u_2 \end{bmatrix}$$

解 (1)求特征值。由

$$|\lambda\boldsymbol{E}-\boldsymbol{A}|=\begin{bmatrix} \lambda-4 & -1 & 2 \\ -1 & \lambda & -2 \\ -1 & 1 & \lambda-3 \end{bmatrix}=(\lambda-1)(\lambda-3)^2=0$$

易求得 $\lambda_1=1,\lambda_2=\lambda_3=3$

(2)求特征向量。

对于 $\lambda=1$，有

$$\begin{bmatrix} -3 & -1 & 2 \\ -1 & 1 & -2 \\ -1 & 1 & -2 \end{bmatrix}\begin{bmatrix} v_{11} \\ v_{12} \\ v_{13} \end{bmatrix}=\begin{bmatrix} 0 \\ 0 \\ 0 \end{bmatrix}\Rightarrow\begin{bmatrix} v_{11} \\ v_{12} \\ v_{13} \end{bmatrix}=\begin{bmatrix} 0 \\ 2 \\ 1 \end{bmatrix}$$

对于 $\lambda=3$，有

$$\begin{bmatrix}-1 & -1 & 2\\ -1 & 3 & -2\\ -1 & 1 & 0\end{bmatrix}\begin{bmatrix}v_{21}\\ v_{22}\\ v_{23}\end{bmatrix}=\begin{bmatrix}0\\ 0\\ 0\end{bmatrix}\Rightarrow\begin{bmatrix}v_{21}\\ v_{22}\\ v_{23}\end{bmatrix}=\begin{bmatrix}1\\ 1\\ 1\end{bmatrix}$$

$$\begin{bmatrix}-1 & -1 & 2\\ -1 & 3 & -2\\ -1 & 1 & 0\end{bmatrix}\begin{bmatrix}v_{31}\\ v_{32}\\ v_{33}\end{bmatrix}=\begin{bmatrix}-1\\ -1\\ -1\end{bmatrix}\Rightarrow\begin{bmatrix}v_{31}\\ v_{32}\\ v_{33}\end{bmatrix}=\begin{bmatrix}1\\ 0\\ 0\end{bmatrix}$$

(3)构造 $\boldsymbol{P}$,求 $\boldsymbol{P}^{-1}$。

$$\boldsymbol{P}=\begin{bmatrix}0 & 1 & 1\\ 2 & 1 & 0\\ 1 & 1 & 0\end{bmatrix}\Rightarrow\boldsymbol{P}^{-1}=\begin{bmatrix}0 & 1 & -1\\ 0 & -1 & 2\\ 1 & 1 & -2\end{bmatrix}$$

(4)求 $\overline{\boldsymbol{A}}$、$\overline{\boldsymbol{B}}$。

$$\overline{\boldsymbol{A}}=\boldsymbol{P}^{-1}\boldsymbol{AP}=\begin{bmatrix}1 & 0 & 0\\ 0 & 3 & 1\\ 0 & 0 & 3\end{bmatrix}$$

$$\overline{\boldsymbol{B}}=\boldsymbol{P}^{-1}\boldsymbol{B}=\begin{bmatrix}0 & 1 & -1\\ 0 & -1 & 2\\ 1 & 1 & -2\end{bmatrix}\begin{bmatrix}3 & 1\\ 2 & 7\\ 5 & 3\end{bmatrix}=\begin{bmatrix}-3 & 4\\ 8 & -1\\ -5 & 2\end{bmatrix}$$

因此,状态空间方程的约当规范型为

$$\dot{\overline{\boldsymbol{x}}}=\begin{bmatrix}1 & 0 & 0\\ 0 & 3 & 1\\ 0 & 0 & 3\end{bmatrix}\overline{\boldsymbol{x}}+\begin{bmatrix}-3 & 4\\ 8 & -1\\ -5 & 2\end{bmatrix}\boldsymbol{u}$$

4.4.4 对偶原理

从前面的讨论中可以看出,系统状态可控性和可观性,无论从定义或判据方面来看,在形式和结构上都极为相似。这种相似关系绝非偶然的巧合,而是系统内在结构上的必然联系,卡尔曼提出的对偶原理便揭示了这种内在的联系。

1. 对偶系统

对于两个线性定常连续系统,其状态空间表达式分别如下:

$$\Sigma_1(\boldsymbol{A}_1,\boldsymbol{B}_1,\boldsymbol{C}_1):\begin{cases}\dot{\boldsymbol{x}}_1=\boldsymbol{A}_1\boldsymbol{x}_1+\boldsymbol{B}_1\boldsymbol{u}_1\\ \boldsymbol{y}_1=\boldsymbol{C}_1\boldsymbol{x}_1\end{cases}$$

式中，$\boldsymbol{x}_1 \in \mathbf{R}^n$ 为状态向量；$\boldsymbol{u}_1 \in \mathbf{R}^r$ 为系统输入向量；$\boldsymbol{y}_1 \in \mathbf{R}^m$ 为系统输出向量；$\boldsymbol{A}_1 \in \mathbf{R}^{n\times n}$ 为系统矩阵；$\boldsymbol{B}_1 \in \mathbf{R}^{n\times r}$ 为控制输入矩阵；$\boldsymbol{C}_1 \in \mathbf{R}^{m\times n}$ 为系统输出矩阵。

$$\Sigma_2(\boldsymbol{A}_2,\boldsymbol{B}_2,\boldsymbol{C}_2):\begin{cases}\dot{\boldsymbol{x}}_2=\boldsymbol{A}_2\boldsymbol{x}_2+\boldsymbol{B}_2\boldsymbol{u}_2\\ \boldsymbol{y}_2=\boldsymbol{C}_2\boldsymbol{x}_2\end{cases}$$

式中，$\boldsymbol{x}_2 \in \mathbf{R}^n$ 为状态向量；$\boldsymbol{u}_2 \in \mathbf{R}^r$ 为系统输入向量；$\boldsymbol{y}_2 \in \mathbf{R}^m$ 为系统输出向量；$\boldsymbol{A}_2 \in \mathbf{R}^{n\times n}$ 为系统矩阵；$\boldsymbol{B}_2 \in \mathbf{R}^{n\times r}$ 为控制输入矩阵；$\boldsymbol{C}_2 \in \mathbf{R}^{m\times n}$ 为系统输出矩阵。

若满足下述条件：

$$\boldsymbol{A}_2=\boldsymbol{A}_1^{\mathrm{T}},\quad \boldsymbol{B}_2=\boldsymbol{C}_1^{\mathrm{T}},\quad \boldsymbol{C}_2=\boldsymbol{B}_1^{\mathrm{T}} \tag{4-55}$$

则称两个系统互为对偶系统。

显然，一个 r 维输入、m 维输出的 n 阶系统，其对偶系统是一个 m 维输入、r 维输出的 n 阶系统。

2. 对偶原理

若系统是互为对偶的两个线性定常连续系统，则一个系统的可控性等价于另一个系统的可观性；同理，一个系统的可观性等价于另一个系统的可控性。或者说，若系统 1 是状态完全可控的(完全可观的)，则系统 2 是状态完全可观的(完全可控的)。

值得注意的是，对线性定常离散系统而言，对偶是系统的可达性和可观性对偶，而非系统的可控性和可观性对偶。

4.5　线性系统的结构分解

如果一个系统是不完全可控的，则其状态空间中所有的可控状态构成可控子空间，其余为不可控子空间。如果一个系统是不完全可观的，则其状态空间中所有可观的状态构成可观子空间，其余为不可观子空间。但是，在一般形式下，这些子空间并没有被明显地分解出来。本节将讨论如何通过非奇异变换即坐标变换，将系统的状态空间按可控性和可观性进行结构分解。

把线性系统的状态空间按可控性和可观性进行结构分解是状态空间分析中的一个重要内容。在理论上它揭示了状态空间的本质特征，为最小实现问题的提出提供了理论依据。实际上，它与系统的状态反馈、系统镇定等问题的解决都有密切的关系。

4.5.1 按可控性分解

设线性定常系统

$$\begin{cases}\dot{\boldsymbol{x}}=\boldsymbol{A}\boldsymbol{x}+\boldsymbol{B}\boldsymbol{u}\\ \boldsymbol{y}=\boldsymbol{C}\boldsymbol{x}\end{cases} \tag{4-56}$$

是状态不完全可控，其可控性判别矩阵

$$\boldsymbol{M}=[\boldsymbol{B}\quad \boldsymbol{A}\boldsymbol{B}\quad \cdots\quad \boldsymbol{A}^{n-1}\boldsymbol{B}]$$

的秩 $\text{rank}\boldsymbol{M}=n_1<n$，则存在非奇异变换

$$\boldsymbol{x}=\boldsymbol{P}_{\text{c}}\hat{x} \tag{4-57}$$

将状态空间表达式(4-56)变换为

$$\begin{cases}\dot{\hat{\boldsymbol{x}}}=\hat{\boldsymbol{A}}\hat{\boldsymbol{x}}+\hat{\boldsymbol{B}}\boldsymbol{u}\\ \boldsymbol{y}=\hat{\boldsymbol{C}}\hat{\boldsymbol{x}}\end{cases} \tag{4-58}$$

其中

$$\hat{\boldsymbol{x}}=\begin{bmatrix}\hat{\boldsymbol{x}}_1\\ \cdots\\ \hat{\boldsymbol{x}}_2\end{bmatrix}\begin{matrix}\}n_1\\ \\ \}n-n_1\end{matrix}$$

$$\hat{\boldsymbol{A}}=\boldsymbol{P}_{\text{c}}^{-1}\boldsymbol{A}\boldsymbol{P}_{\text{c}}=\begin{bmatrix}\hat{\boldsymbol{x}}_{11} & \hat{\boldsymbol{x}}_{12}\\ & \\ \underbrace{\boldsymbol{0}}_{n_1} & \underbrace{\hat{\boldsymbol{A}}_{22}}_{n-n_1}\end{bmatrix}\begin{matrix}\}n_1\\ \\ \}n-n_1\end{matrix} \tag{4-59}$$

$$\hat{\boldsymbol{B}}=\boldsymbol{P}_{\text{c}}^{-1}\boldsymbol{B}=\begin{bmatrix}\boldsymbol{B}_1\\ \cdots\\ \boldsymbol{0}\end{bmatrix}\begin{matrix}\}n_1\\ \\ \}n-n_1\end{matrix} \tag{4-60}$$

$$\hat{\boldsymbol{C}}=\boldsymbol{C}\boldsymbol{P}_{\text{c}}=[\underbrace{\hat{\boldsymbol{C}}_1}_{n_1}\ \vdots\ \underbrace{\hat{\boldsymbol{C}}_2}_{n-n_1}] \tag{4-61}$$

可以看出，系统状态空间表达式变换为式(4-58)后，系统的状态空间就被分解成可控的和不可控的两部分，其中 n_1 维子空间

$$\dot{\hat{\boldsymbol{x}}}=\hat{\boldsymbol{A}}_{11}\hat{\boldsymbol{x}}_1+\hat{\boldsymbol{B}}_1\boldsymbol{u}+\hat{\boldsymbol{A}}_{12}\hat{\boldsymbol{x}}_2$$

是可控的，而 $n-n_1$ 维子系统

$$\dot{\hat{\boldsymbol{x}}}_2=\hat{\boldsymbol{A}}_{22}\hat{\boldsymbol{x}}_2$$

是不可控的。

例 4.17　若系统状态空间表达式为

$$\dot{\boldsymbol{x}}=\begin{bmatrix}0 & 0 & -1\\ 1 & 0 & -3\\ 0 & 1 & -3\end{bmatrix}\boldsymbol{x}+\begin{bmatrix}1\\ 1\\ 0\end{bmatrix}\boldsymbol{u}$$

试判断系统是否可控；如不可控，则将系统按可控性分解。

解　(1)判断系统是否可控。

系统可控性判别矩阵为

$$\operatorname{rank}\boldsymbol{S}=\operatorname{rank}[\boldsymbol{B}\quad \boldsymbol{AB}\quad \boldsymbol{A}^2\boldsymbol{B}]=\operatorname{rank}\begin{bmatrix}1 & 0 & -1\\ 1 & 1 & -3\\ 0 & 1 & -2\end{bmatrix}=2<3=n$$

故系统不可控。

(2)按可控性分解。

构造非奇异变换矩阵 $\boldsymbol{P}_{\mathrm{c}}$。取

$$\boldsymbol{p}_1=\begin{bmatrix}1\\ 1\\ 0\end{bmatrix},\quad \boldsymbol{p}_2=\begin{bmatrix}0\\ 1\\ 1\end{bmatrix}$$

在保证 $\boldsymbol{P}_{\mathrm{c}}$ 非奇异的前提下，任意选取 $\boldsymbol{p}_3=\begin{bmatrix}0\\ 0\\ 1\end{bmatrix}$，则有

$$\boldsymbol{P}_{\mathrm{c}}=\begin{bmatrix}1 & 0 & 0\\ 1 & 1 & 0\\ 0 & 1 & 1\end{bmatrix},\quad \hat{\boldsymbol{A}}=\boldsymbol{P}_{\mathrm{c}}^{-1}\boldsymbol{A}\boldsymbol{P}_{\mathrm{c}}=\begin{bmatrix}0 & -1 & -1\\ 1 & -2 & -2\\ 0 & 0 & -1\end{bmatrix}$$

$$\hat{\boldsymbol{B}}=\boldsymbol{P}_{\mathrm{c}}^{-1}\boldsymbol{B}=\begin{bmatrix}1\\ 0\\ 0\end{bmatrix},\quad \hat{\boldsymbol{C}}=\boldsymbol{C}\boldsymbol{P}_{\mathrm{c}}=[1\quad -1\quad 2]$$

系统按可控性分解后的状态空间表达式为

$$\begin{cases}\dot{\hat{x}}=\begin{bmatrix}0 & -1 & -1\\ 1 & -2 & -2\\ 0 & 0 & -1\end{bmatrix}\hat{x}+\begin{bmatrix}1\\ 0\\ 0\end{bmatrix}u\\ y=\begin{bmatrix}1 & -1 & -2\end{bmatrix}\hat{x}\end{cases}$$

可控的二维子系统状态空间表达式为

$$\begin{cases}\dot{\hat{x}}_1=\begin{bmatrix}0 & -1\\ 1 & -2\end{bmatrix}\hat{x}_1+\begin{bmatrix}1\\ 0\end{bmatrix}u\\ y_1=\begin{bmatrix}1 & -1\end{bmatrix}\hat{x}_1\end{cases}$$

4.5.2 按可观性分解

如式(4-56)所示系统，其状态不完全可观，其可观性判别矩阵

$$Q=\begin{bmatrix}C\\ CA\\ \vdots\\ CA^{n-1}\end{bmatrix}$$

的秩 rank $Q=n_1<n$，则存在非奇异变换

$$x=P_o\,\bar{x} \tag{4-62}$$

将状态空间表达式可变换为

$$\begin{cases}\dot{\bar{x}}=\bar{A}\,\bar{x}+\bar{B}u\\ y=\bar{C}\,\bar{x}\end{cases} \tag{4-63}$$

其中

$$\bar{A}=P_o^{-1}AP_o=\begin{bmatrix}\bar{A}_{11} & 0\\ \underbrace{\bar{A}_{21}}_{n_1} & \underbrace{\bar{A}_{22}}_{n-n_1}\end{bmatrix}\begin{matrix}\}n_1\\ \}n-n_1\end{matrix} \tag{4-64}$$

$$\bar{B}=P_o^{-1}B=\begin{bmatrix}\bar{B}_1\\ \cdots\\ \bar{B}_2\end{bmatrix}\begin{matrix}\}n_1\\ \\ \}n-n_1\end{matrix} \tag{4-65}$$

$$\bar{C}=CP_o^{-1}=[\underbrace{C_1}_{n_1} \vdots \underbrace{0}_{n-n_1}] \tag{4-66}$$

$$\bar{x}=\begin{bmatrix} \bar{x}_1 \\ \cdots \\ \bar{x}_2 \end{bmatrix}\begin{matrix} \}n_1 \\ \\ \}n-n_1 \end{matrix}$$

可见，经上述变换后系统分解为可观的 n_1 维子系统：

$$\begin{cases} \dot{\bar{x}}_1=A_{11}\bar{x}_1+B_1u \\ y=C_1\bar{x}_1 \end{cases}$$

和不可观的 $n-n_1$ 维子系统

$$\dot{\bar{x}}_2=A_{21}\bar{x}_1+A_{22}\bar{x}_2+B_2u$$

4.5.3　按可控性和可观性进行分解

(1)如果线性系统是不完全可控和不完全可观的，若对该系统同时按可控性和可观性进行分解，则可以把系统分解成可控且可观、可控不可观、不可控可观、不可控不可观四部分。当然，并非所有系统都能分解成有这四个部分的。

若线性定常系统

$$\begin{cases} \dot{x}=Ax+Bu \\ y=Cx \end{cases} \tag{4-67}$$

不完全可控不完全可观，则存在非奇异变换

$$x=P\bar{x} \tag{4-68}$$

把式(4-67)的状态空间表达式变换为

$$\begin{cases} \dot{\bar{x}}=\bar{A}\bar{x}+\bar{B}u \\ y=\bar{C}\bar{x} \end{cases} \tag{4-69}$$

其中

$$\bar{A}=P^{-1}AP=\begin{bmatrix} A_{11} & 0 & A_{13} & 0 \\ A_{21} & A_{22} & A_{23} & A_{24} \\ 0 & 0 & A_{33} & 0 \\ 0 & 0 & A_{43} & A_{44} \end{bmatrix} \tag{4-70}$$

$$\overline{\boldsymbol{B}}=\boldsymbol{P}^{-1}\boldsymbol{B}=\begin{bmatrix}\boldsymbol{B}_1\\\boldsymbol{B}_2\\\boldsymbol{0}\\\boldsymbol{0}\end{bmatrix}$$

$$\overline{\boldsymbol{C}}=\boldsymbol{CP}=[\boldsymbol{C}_1\quad\boldsymbol{0}\quad\boldsymbol{C}_3\quad\boldsymbol{0}]\tag{4-71}$$

从 $\overline{\boldsymbol{A}},\overline{\boldsymbol{B}},\overline{\boldsymbol{C}}$ 的结构可以看出，整个状态空间分为可控可观、可控不可观、不可控可观、不可控不可观四个部分，分别用 $\boldsymbol{x}_{co},\boldsymbol{x}_{c\bar{o}},\boldsymbol{x}_{\bar{c}o},\boldsymbol{x}_{\bar{c}\bar{o}}$ 表示。于是式(4-67)可以写成

$$\begin{bmatrix}\dot{\boldsymbol{x}}_{co}\\\dot{\boldsymbol{x}}_{c\bar{o}}\\\dot{\boldsymbol{x}}_{\bar{c}o}\\\dot{\boldsymbol{x}}_{\bar{c}\bar{o}}\end{bmatrix}=\begin{bmatrix}\boldsymbol{A}_{11}&\boldsymbol{0}&\boldsymbol{A}_{13}&\boldsymbol{0}\\\boldsymbol{A}_{21}&\boldsymbol{A}_{22}&\boldsymbol{A}_{23}&\boldsymbol{A}_{24}\\\boldsymbol{0}&\boldsymbol{0}&\boldsymbol{A}_{33}&\boldsymbol{0}\\\boldsymbol{0}&\boldsymbol{0}&\boldsymbol{A}_{43}&\boldsymbol{A}_{44}\end{bmatrix}\begin{bmatrix}\dot{\boldsymbol{x}}_{co}\\\dot{\boldsymbol{x}}_{c\bar{o}}\\\dot{\boldsymbol{x}}_{\bar{c}o}\\\dot{\boldsymbol{x}}_{\bar{c}\bar{o}}\end{bmatrix}+\begin{bmatrix}\boldsymbol{B}_1\\\boldsymbol{B}_2\\\boldsymbol{0}\\\boldsymbol{0}\end{bmatrix}\boldsymbol{u}$$

$$\boldsymbol{y}=[\boldsymbol{C}_1\quad\boldsymbol{0}\quad\boldsymbol{C}_3\quad\boldsymbol{0}]\begin{bmatrix}\boldsymbol{x}_{co}\\\boldsymbol{x}_{c\bar{o}}\\\boldsymbol{x}_{\bar{c}o}\\\boldsymbol{x}_{\bar{c}\bar{o}}\end{bmatrix}$$

并且由 $\boldsymbol{A}_{11},\boldsymbol{B}_1,\boldsymbol{C}_1$ 构成的系统是可控可观子系统。

下面以例题的形式对系统按可控性和可观性的分解方法进行说明和介绍。

例 4.18 若系统状态空间表达式为

$$\begin{cases}\hat{\boldsymbol{x}}=\begin{bmatrix}0&0&-1\\1&0&-3\\0&1&-3\end{bmatrix}\boldsymbol{x}+\begin{bmatrix}1\\1\\0\end{bmatrix}\boldsymbol{u}\\\boldsymbol{y}=[0\quad 1\quad -2]\boldsymbol{x}\end{cases}$$

试判断系统是否可控可观；如果不可控不可观，则将系统按可控可观性分解。

解 (1)判断系统是否可控可观。

$$\text{rank}\boldsymbol{S}=\text{rank}[\boldsymbol{B}\quad\boldsymbol{AB}\quad\boldsymbol{A}^2\boldsymbol{B}]=\text{rank}\begin{bmatrix}1&0&-1\\1&1&-3\\0&1&-2\end{bmatrix}=2<3=n$$

$$\text{rank}\boldsymbol{Q}=\text{rank}\begin{bmatrix}\boldsymbol{C}\\\boldsymbol{CA}\\\boldsymbol{CA}^2\end{bmatrix}=\text{rank}\begin{bmatrix}0&1&-2\\1&-2&3\\-2&3&-4\end{bmatrix}=2<3=n$$

所以该系统既不可控也不可观的。

(2)将系统按可控性分解。

可得系统按可控性分解后的状态空间表达式为

$$\begin{cases}\dot{\hat{x}}=\begin{bmatrix}0 & -1 & -1\\ 1 & -2 & -2\\ 0 & 0 & -1\end{bmatrix}\hat{x}+\begin{bmatrix}1\\0\\0\end{bmatrix}u\\ y=\begin{bmatrix}1 & -1 & -2\end{bmatrix}\hat{x}\end{cases}$$

可控的二维子系统状态空间表达式为

$$\begin{cases}\dot{\hat{x}}_c=\begin{bmatrix}0 & -1\\ 1 & -2\end{bmatrix}\hat{x}_c+\begin{bmatrix}-1\\ -2\end{bmatrix}\hat{x}_{\bar{c}}+\begin{bmatrix}1\\0\end{bmatrix}u\\ y_1=\begin{bmatrix}1 & -1\end{bmatrix}\hat{x}_c\end{cases}$$

分析可知,此系统的不可控子系统是一维的,而且容易看出它是可观的,故无须进行可观性分解,可直接选取$\hat{x}_{\bar{c}}=\hat{x}_{\bar{c}o}$。

(3)将可控子系统 Σ_c 按可观性分解。

已知可控的二维子系统状态空间表达式为

$$\begin{cases}\dot{\hat{x}}_c=\begin{bmatrix}0 & -1\\ 1 & -2\end{bmatrix}\hat{x}_c+\begin{bmatrix}-1\\ -2\end{bmatrix}\hat{x}_{\bar{c}}+\begin{bmatrix}1\\0\end{bmatrix}u\\ y_1=\begin{bmatrix}1 & -1\end{bmatrix}\hat{x}_c\end{cases}$$

构造非奇异变换矩阵为

$$P_{o1}^{-1}=\begin{bmatrix}1 & -1\\ 0 & 1\end{bmatrix}$$

将线性变换$\hat{x}_c=P_{o1}\begin{bmatrix}\hat{x}_{co}\\ \hat{x}_{c\bar{o}}\end{bmatrix}$代入可控子系统 Σ_c,得

$$\begin{bmatrix}\dot{\hat{x}}_{co}\\ \dot{\hat{x}}_{c\bar{o}}\end{bmatrix}=P_{o1}^{-1}\begin{bmatrix}0 & -1\\ 1 & -2\end{bmatrix}P_{o1}\begin{bmatrix}\hat{x}_{co}\\ \hat{x}_{c\bar{o}}\end{bmatrix}+P_{o1}^{-1}\begin{bmatrix}-1\\ -2\end{bmatrix}\hat{x}_{\bar{c}o}+P_{o1}^{-1}\begin{bmatrix}1\\0\end{bmatrix}u$$

$$=\begin{bmatrix}-1 & 0\\ 1 & -1\end{bmatrix}\begin{bmatrix}\hat{x}_{co}\\ \hat{x}_{c\bar{o}}\end{bmatrix}+\begin{bmatrix}1\\ -2\end{bmatrix}\hat{x}_{\bar{c}o}+\begin{bmatrix}1\\0\end{bmatrix}u$$

$$y=\begin{bmatrix}1 & -1\end{bmatrix}P_{o1}\begin{bmatrix}\hat{x}_{co}\\ \hat{x}_{c\bar{o}}\end{bmatrix}=\begin{bmatrix}1 & 0\end{bmatrix}\begin{bmatrix}\hat{x}_{co}\\ \hat{x}_{c\bar{o}}\end{bmatrix}$$

(4)综合以上结果，系统按可控可观性分解后的状态空间表达式为

$$
\begin{cases}
\begin{bmatrix} \dot{\hat{\boldsymbol{x}}}_{co} \\ \dot{\hat{\boldsymbol{x}}}_{c\bar{o}} \\ \dot{\hat{\boldsymbol{x}}}_{\bar{c}o} \end{bmatrix} = \begin{bmatrix} -1 & 0 & 1 \\ 1 & -1 & -2 \\ 0 & 0 & -1 \end{bmatrix} \begin{bmatrix} \hat{\boldsymbol{x}}_{co} \\ \hat{\boldsymbol{x}}_{c\bar{o}} \\ \hat{\boldsymbol{x}}_{\bar{c}o} \end{bmatrix} + \begin{bmatrix} 1 \\ 0 \\ 0 \end{bmatrix} \boldsymbol{u} \\
\boldsymbol{y} = \begin{bmatrix} 1 & 0 & -2 \end{bmatrix} \begin{bmatrix} \hat{\boldsymbol{x}}_{co} \\ \hat{\boldsymbol{x}}_{c\bar{o}} \\ \hat{\boldsymbol{x}}_{\bar{c}o} \end{bmatrix}
\end{cases}
$$

4.5.4 状态子空间相关说明

根据线性代数的知识我们知道，子空间的交集也形成子空间，这样，可控子空间和可观子空间的交集形成可控可观子空间，可控子空间和不可观子空间的交集形成可控不可观子空间，不可控子空间和可观子空间的交集形成不可控可观子空间，不可控子空间和不可观子空间的交集形成不可控不可观子空间，而且由可控和不可控子空间的正交性、可观和不可观子空间的正交性，容易得到上述四个子空间的正交性，四个子空间维数的和等于系统的维数。例如，任选可控可观子空间中的一个状态和可控不可观子空间中的一个状态，因为它们分别是可观子空间和不可观子空间中的状态，因此是正交的。由此可见，可控可观子空间与可控不可观子空间是正交的，等等。任何一个在不可控子空间上投影不为零的状态都是不可控状态，任何一个在不可观子空间上投影不为零的状态都是不可观状态。请注意不可控状态和不可控子空间的区别，不可观状态和不可观子空间的区别，不可控状态或不可观状态以及它们的交集不能形成子空间。

同时，根据线性代数的知识，与可控子空间中的状态正交的所有状态，也形成一个子空间，这个子空间定义为不可控子空间。显然，可控子空间和不可控子空间的维数之和等于 n，所以不可控子空间为可控子空间的正交补空间。只有可控子空间中的状态才是可控的，或者说控制作用在有限的时间内只能将状态变量在可控子空间中的投影值驱动到零，不可控子空间中的状态和在不可控子空间中投影值不为零的状态都是不可控的。这里，请注意不可控子空间状态和不可控状态的区别，不可控状态并不能形成子空间，不可控状态是可控状态子空间的补空间的概念不正确。同样，不可观子空间的正交补空间为可观子空间，只有可观子空间的状态才是可观的，或者说通过对系统输出有限时间的观测只能得到系统状态变量在可观子空间上的投影值，不可观子空间中的状态和在不可

观子空间中投影值不为零的状态都是不可观的。同样请注意，不可观子空间状态和不可观状态也不能混为一谈，不在不可观子空间中的状态就是可观状态的说法也不正确。

4.6 利用 MATLAB 分析系统的可控性与可观性

MATLAB 软件提供了各种矩阵运算和矩阵指标（如矩阵的秩）的求解，而可控性和可观性的判断实际上是一些矩阵的运算。

1. 运用 MATLAB 进行可控性分析

MATLAB 提供了计算系统可控性矩阵的函数 ctrb，其调用格式为 $\boldsymbol{S}=\text{ctrb}(\boldsymbol{A},\boldsymbol{B})$，$\boldsymbol{A}$ 为系统矩阵，$\boldsymbol{B}$ 为控制矩阵。求秩运算函数 rank，其调用格式为 $R=\text{rank}\boldsymbol{S}$。

2. 运用 MATLAB 进行可观性分析

MATLAB 提供了计算系统可观性矩阵的函数 obsv，其调用格式为 $\boldsymbol{Q}=\text{obsv}(\boldsymbol{A},\boldsymbol{C})$，$\boldsymbol{A}$ 为系统矩阵，$\boldsymbol{C}$ 为输出矩阵。求秩运算函数的调用格式为 $R=\text{rank}\boldsymbol{Q}$。

下面举例说明利用 MATLAB 求取系统可控性与可观性的方法。

例 4.19　设系统为

$$\dot{\boldsymbol{x}}=\begin{bmatrix}0&1&0&0\\0&0&-1&0\\0&0&0&1\\0&0&3&0\end{bmatrix}\boldsymbol{x}+\begin{bmatrix}0\\1\\0\\-3\end{bmatrix}\boldsymbol{u},\quad \boldsymbol{y}=\begin{bmatrix}2&0&0&0\end{bmatrix}\boldsymbol{x}$$

试判断系统的可控性与可观性。

解　(1)判断系统的可控性。

输入程序为

```
A= [0  1  0  0; 0  0  - 1  0; 0  0  0  1; 0  0  3  0];
B= [0; 1; 0; - 3];
S= ctrb (A,B)
R= rank (S)
```

(2)判断系统的可观性。

输入程序为

```
A= [0  1  0  0; 0  0  - 1  0; 0  0  0  1; 0  0  3  0];
C= [2  0  0  0];
```

```
Q= obsv (A,C)
R= rank (Q)
```

例 4.20 已知系统的状态方程为

$$\dot{\boldsymbol{x}}=\begin{bmatrix}-2 & 2 & -1\\ 0 & -2 & 0\\ 1 & -4 & 0\end{bmatrix}\boldsymbol{x}+\begin{bmatrix}0\\1\\1\end{bmatrix}\boldsymbol{u}$$

试将系统状态方程化为可控规范型。

解 可编写程序如下。

```
A= [- 2  2  - 1; 0  - 2  0; 1  -   4  0]; b= [0  1  1]';
Qc= ctrb (A, b); n= rank (A);
If det (Qc)~ = 0
  p1= inv (Qc);
end
p1= p1 (n, : )
P= [p1; p1* A; p1* A* A];
Ac= P* A* inv (P)
bc= P* b
```

例 4.21 已知系统状态空间表达式为

$$\begin{cases}\begin{bmatrix}\dot{x}_1\\ \dot{x}_2\end{bmatrix}=\begin{bmatrix}1 & -1\\ 1 & 1\end{bmatrix}\begin{bmatrix}x_1\\ x_2\end{bmatrix}+\begin{bmatrix}-1\\ 1\end{bmatrix}\boldsymbol{u}\\ y=[1\quad 1]\begin{bmatrix}x_1\\ x_2\end{bmatrix}\end{cases}$$

试将系统的动态方程转化为可观规范型,并求出变换矩阵 $\boldsymbol{P}$。

解 编写程序如下。

```
A= [1  - 1; 1  1]; b= [- 1; 1]; c= [1  1];
Qo= obsv (A, c); n= rank (A);
P1= inv (Qo); P1= P1 (: , n);
P= [P1  A* P1]
Ao= inv(P)* A* P
bo= inv(P) b
co= c* P
```

习　题

4-1　判断下列系统的可控性。

(1) $\begin{bmatrix}\dot{x}_1\\ \dot{x}_2\end{bmatrix}=\begin{bmatrix}1 & 1\\ 1 & 0\end{bmatrix}\begin{bmatrix}x_1\\ x_2\end{bmatrix}+\begin{bmatrix}0\\ 1\end{bmatrix}\boldsymbol{u}$

(2) $\begin{bmatrix}\dot{x}_1\\ \dot{x}_2\\ \dot{x}_3\end{bmatrix}=\begin{bmatrix}0 & 1 & 0\\ 0 & 0 & 1\\ -2 & -4 & -3\end{bmatrix}\begin{bmatrix}x_1\\ x_2\\ x_3\end{bmatrix}+\begin{bmatrix}1 & 0\\ 0 & 1\\ -1 & 1\end{bmatrix}\begin{bmatrix}u_1\\ u_2\end{bmatrix}$

(3) $\dot{\boldsymbol{x}}=\begin{bmatrix}1 & 1\\ 0 & -1\end{bmatrix}\boldsymbol{x}+\begin{bmatrix}1\\ 0\end{bmatrix}\boldsymbol{u}$

(4) $\dot{\boldsymbol{x}}=\begin{bmatrix}0 & 1 & 0\\ 0 & 0 & 1\\ -3 & -5 & -3\end{bmatrix}\boldsymbol{x}+\begin{bmatrix}1 & 0\\ 0 & -1\\ -1 & 1\end{bmatrix}\boldsymbol{u}$

(5) $\dot{\boldsymbol{x}}=\begin{bmatrix}1 & 0 & 0 & 0\\ 2 & -3 & 0 & 0\\ 1 & 0 & -2 & 0\\ 4 & -1 & -2 & -4\end{bmatrix}\boldsymbol{x}+\begin{bmatrix}0\\ 0\\ 1\\ 2\end{bmatrix}\boldsymbol{u}$

4-2　判断下列系统的输出可控性。

(1) $\begin{bmatrix}\dot{x}_1\\ \dot{x}_2\\ \dot{x}_3\end{bmatrix}=\begin{bmatrix}-3 & 1 & 0\\ 0 & -3 & 0\\ 0 & 0 & -1\end{bmatrix}\begin{bmatrix}x_1\\ x_2\\ x_3\end{bmatrix}+\begin{bmatrix}1 & -1\\ 0 & 0\\ 2 & 0\end{bmatrix}\begin{bmatrix}u_1\\ u_2\end{bmatrix},\quad \begin{bmatrix}y_1\\ y_2\end{bmatrix}=\begin{bmatrix}1 & 0 & 1\\ -1 & 1 & 0\end{bmatrix}\begin{bmatrix}x_1\\ x_2\\ x_3\end{bmatrix}$

(2) $\begin{bmatrix}\dot{x}_1\\ \dot{x}_2\\ \dot{x}_3\end{bmatrix}=\begin{bmatrix}0 & 1 & 0\\ 0 & 0 & 1\\ -6 & -11 & -6\end{bmatrix}\begin{bmatrix}x_1\\ x_2\\ x_3\end{bmatrix}+\begin{bmatrix}0\\ 0\\ 1\end{bmatrix}\boldsymbol{u},\quad y=\begin{bmatrix}1 & 0 & 0\end{bmatrix}\begin{bmatrix}x_1\\ x_2\\ x_3\end{bmatrix}$

4-3　判断下列系统的可观性。

(1) $\begin{bmatrix}\dot{x}_1\\ \dot{x}_2\end{bmatrix}=\begin{bmatrix}1 & 1\\ 1 & 0\end{bmatrix}\begin{bmatrix}x_1\\ x_2\end{bmatrix},\quad y=\begin{bmatrix}1 & 1\end{bmatrix}\begin{bmatrix}x_1\\ x_2\end{bmatrix}$

(2) $\begin{bmatrix}\dot{x}_1\\ \dot{x}_2\\ \dot{x}_3\end{bmatrix}=\begin{bmatrix}0 & 1 & 0\\ 0 & 0 & 1\\ -2 & -4 & -3\end{bmatrix}\begin{bmatrix}x_1\\ x_2\\ x_3\end{bmatrix},\quad \begin{bmatrix}y_1\\ y_2\end{bmatrix}=\begin{bmatrix}0 & 1 & -1\\ 1 & 2 & 1\end{bmatrix}\begin{bmatrix}x_1\\ x_2\\ x_3\end{bmatrix}$

$$(3)\boldsymbol{A}=\begin{bmatrix}-1&0&0&0\\0&-3&0&0\\0&0&-4&1\\0&0&0&-4\end{bmatrix},\quad \boldsymbol{B}=\begin{bmatrix}2&0\\2&1\\0&0\\1&0\end{bmatrix},\quad \boldsymbol{C}=\begin{bmatrix}1&4&0&1\\3&7&0&0\end{bmatrix}$$

$$(4)\boldsymbol{A}=\begin{bmatrix}2&1&0&0&0&0&0\\0&2&0&0&0&0&0\\0&0&2&0&0&0&0\\0&0&0&2&0&0&0\\0&0&0&0&1&1&0\\0&0&0&0&0&1&0\\0&0&0&0&0&0&1\end{bmatrix},\quad \boldsymbol{B}=\begin{bmatrix}2&1&1\\2&1&1\\1&1&1\\3&2&1\\-1&0&0\\1&0&1\\1&0&0\end{bmatrix}$$

$$\boldsymbol{C}=\begin{bmatrix}2&2&1&3&-1&1&1\\1&1&1&2&0&0&0\\1&1&1&1&0&1&0\end{bmatrix}$$

$$(5)\dot{\boldsymbol{x}}=\begin{bmatrix}0&1\\-2&-3\end{bmatrix}\boldsymbol{x},\quad \boldsymbol{y}=[1\quad 0]\boldsymbol{x}$$

$$(6)\dot{\boldsymbol{x}}=\begin{bmatrix}1&2&-1\\0&1&0\\1&-4&3\end{bmatrix}\boldsymbol{x},\quad \boldsymbol{y}=[1\quad -1\quad 1]\boldsymbol{x}$$

$$(7)\dot{\boldsymbol{x}}=\begin{bmatrix}1&3&2\\1&4&6\\2&1&7\end{bmatrix}\boldsymbol{x},\quad \boldsymbol{y}=\begin{bmatrix}1&0&0\\2&1&0\end{bmatrix}\boldsymbol{x}$$

4-4 线性系统的空间描述为

$$\begin{cases}\dot{\boldsymbol{x}}=\begin{bmatrix}\alpha&1\\0&\beta\end{bmatrix}\boldsymbol{x}+\begin{bmatrix}1\\1\end{bmatrix}\boldsymbol{u}\\ \boldsymbol{y}=[1\quad -1]\boldsymbol{x}\end{cases}$$

确定使系统为状态完全可控和状态完全可观的待定常数 α 和 β。

4-5 已知系统传递函数为

$$G(s)=\frac{s^2+6s+8}{s^2+4s+3}$$

试求可控规范型、可观规范型、约当规范型，并画出状态变量图。

4-6 设系统状态方程为

$$G(s)=\frac{s+a}{s^3+7s^2+14s+8}$$

并设系统状态可控且可观，试求 a 值。

4-7　已知系统传递函数为

$$\frac{Y(s)}{U(s)}=\frac{s+1}{s^2+3s+2}$$

试写出系统可控不可观、不可控可观、不可控不可观的实现。

4-8　系统的状态方程为

$$\begin{cases}\begin{bmatrix}\dot{x}_1\\ \dot{x}_2\\ \dot{x}_3\end{bmatrix}=\begin{bmatrix}\lambda & 1 & 0\\ 0 & \lambda & 0\\ 0 & 0 & \lambda\end{bmatrix}\begin{bmatrix}x_1\\ x_2\\ x_3\end{bmatrix}+\begin{bmatrix}a\\ b\\ c\end{bmatrix}\boldsymbol{u}\\ y=[d\quad e\quad f]\begin{bmatrix}x_1\\ x_2\\ x_3\end{bmatrix}\end{cases}$$

试讨论下列问题：

(1)能否通过选择 a,b,c 使系统状态完全可控？

(2)能否通过选择 d,e,f 使系统状态完全可观？

4-9　已知连续系统状态方程和输出方程为

$$\begin{cases}\dot{\boldsymbol{x}}(t)=\begin{bmatrix}0 & 2\\ -2 & 0\end{bmatrix}\boldsymbol{x}(t)+\begin{bmatrix}0\\ 2\end{bmatrix}\boldsymbol{u}(t)\\ \boldsymbol{y}(t)=[1\quad 0]\boldsymbol{x}(t)\end{cases}$$

(1)求状态转移矩阵 e^{At}；

(2)判断该系统的可控性和可观性。

4-10　若系统的状态空间表达式为

$$\begin{cases}\dot{\boldsymbol{x}}(t)=\begin{bmatrix}0 & 1\\ -2 & -3\end{bmatrix}\boldsymbol{x}(t)+\begin{bmatrix}b_1\\ b_2\end{bmatrix}\boldsymbol{u}(t)\\ \boldsymbol{y}(t)=[c_1\quad c_2]\boldsymbol{x}(t)\end{cases}$$

当系统状态可控及系统可观时，试确定 b_1、b_2 和 c_1、c_2 应满足的关系。

4-11　线性系统的传递函数为

$$\frac{Y(s)}{U(s)}=\frac{3s+a}{s^3+6s^2+11s+6}$$

(1)求 a 的取值，使系统成为不可控或不可观的；

(2)在上述 a 的取值下，求使系统为可控的状态空间表达式；

(3)在上述 a 的取值下，求使系统为可观的状态空间表达式。

4-12　确定使下列系统为状态完全可控和状态完全可观的待定常数 α_i，β_i。

(1)$\boldsymbol{A}=\begin{bmatrix}\alpha_1 & 0\\ 0 & \alpha_2\end{bmatrix}$，$\boldsymbol{B}=\begin{bmatrix}1\\1\end{bmatrix}$，$\boldsymbol{C}=[1\quad -1]$

(2)$\boldsymbol{A}=\begin{bmatrix}\alpha_1 & \alpha_2\\ \alpha_3 & \alpha_4\end{bmatrix}$，$\boldsymbol{B}=\begin{bmatrix}1\\1\end{bmatrix}$，$\boldsymbol{C}=[1\quad 0]$

(3)$\boldsymbol{A}=\begin{bmatrix}0 & 0 & 2\\ 1 & 0 & -3\\ 0 & 1 & -4\end{bmatrix}$，$\boldsymbol{B}=\begin{bmatrix}1\\ \beta_2\\ \beta_3\end{bmatrix}$，$\boldsymbol{C}=[0\quad 0\quad 1]$

4-13 设线性定常系统为

$$\begin{cases}\dot{\boldsymbol{x}}=\begin{bmatrix}1 & 2 & -1\\ 0 & 1 & 0\\ 0 & -4 & 3\end{bmatrix}\boldsymbol{x}+\begin{bmatrix}0\\0\\1\end{bmatrix}\boldsymbol{u}\\ \boldsymbol{y}=[1\quad -1\quad 1]\boldsymbol{x}\end{cases}$$

判别其可控性，若不是完全可控的，试将该系统按可控性分解。

4-14 试将下列状态空间表达式化为对角规范型。

(1)$\begin{cases}\dot{\boldsymbol{x}}=\begin{bmatrix}-2 & 1\\ 1 & -2\end{bmatrix}\boldsymbol{x}+\begin{bmatrix}0\\1\end{bmatrix}\boldsymbol{u}\\ \boldsymbol{y}=[1\quad 0]\boldsymbol{x}\end{cases}$

(2)$\begin{cases}\dot{\boldsymbol{x}}=\begin{bmatrix}1 & 0 & 1\\ 0 & 2 & 0\\ 1 & 0 & 1\end{bmatrix}\boldsymbol{x}+\begin{bmatrix}1 & 0\\ 0 & 1\\ 2 & 2\end{bmatrix}\boldsymbol{u}\\ \boldsymbol{y}=\begin{bmatrix}1 & -1 & 0\\ 0 & 1 & 2\end{bmatrix}\boldsymbol{x}\end{cases}$

4-15 试将下列状态方程化为约当规范型。

(1) $\begin{bmatrix}\dot{x}_1\\ \dot{x}_2\end{bmatrix}=\begin{bmatrix}0 & 1\\ -4 & -4\end{bmatrix}\begin{bmatrix}x_1\\ x_2\end{bmatrix}+\begin{bmatrix}0\\1\end{bmatrix}\boldsymbol{u}$

(2) $\begin{bmatrix}\dot{x}_1\\ \dot{x}_2\\ \dot{x}_3\end{bmatrix}=\begin{bmatrix}0 & 0 & -4\\ 1 & 0 & 0\\ 0 & 1 & 3\end{bmatrix}\begin{bmatrix}x_1\\ x_2\\ x_3\end{bmatrix}+\begin{bmatrix}1 & -1\\ 2 & 1\\ 1 & 1\end{bmatrix}\begin{bmatrix}u_1\\ u_2\end{bmatrix}$

4-16 将下列系统分别按可控性、可观性进行结构分解：

(1)$\boldsymbol{A}=\begin{bmatrix}1 & 2 & -1\\ 0 & 1 & 0\\ 0 & -4 & 3\end{bmatrix}$，$\boldsymbol{B}=\begin{bmatrix}0\\0\\1\end{bmatrix}$，$\boldsymbol{C}=[1\quad 1\quad -1]$

(2)$\boldsymbol{A}=\begin{bmatrix}1 & 0 & 0\\ 2 & 2 & 3\\ -2 & 0 & 1\end{bmatrix}$，$\boldsymbol{B}=\begin{bmatrix}1\\ 2\\ 3\end{bmatrix}$，$\boldsymbol{C}=[1\quad 1\quad 2]$

(3)$\boldsymbol{A}=\begin{bmatrix}1 & 0 & 0\\ 2 & 2 & 3\\ -2 & 0 & 1\end{bmatrix}$，$\boldsymbol{B}=\begin{bmatrix}1\\ 2\\ 2\end{bmatrix}$，$\boldsymbol{C}=[1\quad 1\quad 2]$

(4)$\boldsymbol{A}=\begin{bmatrix}1 & 0 & 0 & 0\\ 2 & -3 & 0 & 0\\ 1 & 0 & -2 & 0\\ 4 & -1 & -2 & -4\end{bmatrix}$，$\boldsymbol{B}=\begin{bmatrix}0\\ 0\\ 1\\ 2\end{bmatrix}$，$\boldsymbol{C}=[3\quad 0\quad 1\quad 0]$

4-17　线性定常系统的状态空间表达式为

$$\begin{cases}\dot{\boldsymbol{x}}(t)=\begin{bmatrix}1 & 2 & -1\\ 0 & 1 & 0\\ 1 & -4 & 3\end{bmatrix}\boldsymbol{x}(t)+\begin{bmatrix}0\\ 0\\ 1\end{bmatrix}\boldsymbol{u}(t)\\ \boldsymbol{y}(t)=[1\quad -1\quad 1]\boldsymbol{x}(t)\end{cases}$$

试求系统的可控子系统和可观子系统。

4-18　设 Σ_1,Σ_2 为两个可控且可观的系统

$$\Sigma_1:\boldsymbol{A}_1=\begin{bmatrix}0 & 1\\ -3 & -4\end{bmatrix},\quad \boldsymbol{b}_1=\begin{bmatrix}0\\ 1\end{bmatrix},\quad \boldsymbol{C}_1=[2\quad 1]$$

$$\Sigma_2:\boldsymbol{A}_1=[-2],\quad \boldsymbol{b}_2=[1],\quad \boldsymbol{C}_2=[1]$$

(1)试分析出 Σ_1 和 Σ_2 所组成的串联系统的可控性和可观性,并写出其传递函数；

(2)试分析由 Σ_1 和 Σ_2 所组成的并联系统的可控性和可观性,并写出其传递函数。

4-19　线性定常离散系统的状态空间表达式为

$$\begin{cases}\boldsymbol{x}(k+1)=\begin{bmatrix}0 & 0 & -1\\ 1 & 0 & -3\\ 0 & 1 & -3\end{bmatrix}\boldsymbol{x}(k)+\begin{bmatrix}1\\ 1\\ 0\end{bmatrix}\boldsymbol{u}(k)\\ \boldsymbol{y}(k)=[0\quad 1\quad -2]\boldsymbol{x}(k)\end{cases}$$

试判断系统的可控性和可观性。

4-20　分析下列离散系统的可控性：

$$\begin{bmatrix}x_1(k+1)\\ x_2(k+1)\\ x_3(k+1)\end{bmatrix}=\begin{bmatrix}1 & 2 & 1\\ 1 & 0 & 2\\ 0 & 1 & 1\end{bmatrix}\begin{bmatrix}x_1(k)\\ x_2(k)\\ x_3(k)\end{bmatrix}+\begin{bmatrix}1 & 0\\ 0 & 0\\ 0 & 1\end{bmatrix}\begin{bmatrix}u_1(k)\\ u_2(k)\end{bmatrix}$$

4-21　判断下列线性定常离散系统的可控性和可观性：

$$(1)\begin{cases}\boldsymbol{x}(k+1)=\begin{bmatrix}1 & 3\\2 & 1\end{bmatrix}\boldsymbol{x}(k)+\begin{bmatrix}1\\0\end{bmatrix}\boldsymbol{u}(k)\\ \boldsymbol{y}(k)=[0\quad 1]\boldsymbol{x}(k)\end{cases}$$

$$(2)\begin{cases}\boldsymbol{x}(k+1)=\begin{bmatrix}2 & 0 & 0\\-1 & -2 & 0\\0 & 1 & 2\end{bmatrix}\boldsymbol{x}(k)+\begin{bmatrix}0\\0\\1\end{bmatrix}\boldsymbol{u}(k)\\ \boldsymbol{y}(k)=\begin{bmatrix}1 & 0 & 1\\0 & 1 & 0\end{bmatrix}\boldsymbol{x}(k)\end{cases}$$

$$(3)\begin{cases}\boldsymbol{x}(k+1)=\begin{bmatrix}1 & 2 & 3\\1 & 4 & 6\\2 & 1 & 7\end{bmatrix}\boldsymbol{x}(k)+\begin{bmatrix}1 & 9\\0 & 0\\2 & 0\end{bmatrix}\boldsymbol{u}(k)\\ \boldsymbol{y}(k)=\begin{bmatrix}1 & 0 & 0\\2 & 1 & 0\end{bmatrix}\boldsymbol{x}(k)\end{cases}$$

4-22　线性定常连续系统的状态空间表达式为

$$\begin{cases}\begin{bmatrix}\dot{x}_1\\\dot{x}_2\end{bmatrix}=\begin{bmatrix}0 & 1\\-\omega^2 & 0\end{bmatrix}\begin{bmatrix}x_1\\x_2\end{bmatrix}+\begin{bmatrix}0\\1\end{bmatrix}\boldsymbol{u}\\ y=[1\quad 0]\begin{bmatrix}x_1\\x_2\end{bmatrix}\end{cases}$$

(1)求出采样周期为 T 的离散化系统的状态空间表达式；

(2)试确定使离散化系统可控、可观的采样周期。

4-23　给定连续系统的参数矩阵为

$$\boldsymbol{A}=\begin{bmatrix}0 & \pi\\-\pi & 0\end{bmatrix},\quad \boldsymbol{B}=\begin{bmatrix}0\\1\end{bmatrix},\quad \boldsymbol{C}=[1\quad 2]$$

(1)判断系统的可控性、可观性、输出可控性；

(2)以采样周期 $T=1$ 将系统离散化，并判断离散化系统的可控性、可观性、输出可控性；

(3)以采样周期 $T=2$ 将系统离散化，并判断离散化系统的可控性、可观性、输出可控性。

第5章

线性定常系统的反馈结构及状态观测器

5.1 反馈控制系统的基本概念

无论是在经典控制理论中，还是在现代控制理论中，反馈是自动控制系统中一种重要的并被广泛应用的控制方式。由于经典控制理论采用传递函数来描述动态系统的输入输出特性，只能从输出引出信号作为反馈量。而现代控制理论使用状态空间表达式描述动态系统的内部特性，除了可以从输出引出反馈信号外，还可以从系统的状态引出信号作为反馈量以实现状态反馈，即反馈控制系统有状态反馈和输出反馈两种结构形式。

5.1.1 状态反馈控制系统

状态反馈能提供更丰富的状态信息和可供选择的自由度，因而能使系统容易获得更为优异的性能。

状态反馈控制系统将状态信号引出来、经某种变换作用后传输到输入端，从而改变控制作用和系统特性的反馈称为状态反馈。典型的状态反馈系统的结构如图 5.1 所示。图中，$\boldsymbol{x}\in\mathbf{R}^{n}$ 为系统状态向量；$\boldsymbol{u}\in\mathbf{R}^{r}$ 为系统输入向量；$\boldsymbol{y}\in\mathbf{R}^{m}$ 为系统输出向量；$\boldsymbol{A}\in\mathbf{R}^{n\times n}$ 为系统矩阵；$\boldsymbol{B}\in\mathbf{R}^{n\times r}$ 为控制输入矩阵；$\boldsymbol{C}\in\mathbf{R}^{m\times n}$ 为系统输出矩阵；$\boldsymbol{D}\in\mathbf{R}^{m\times r}$ 为系统输入输出关联矩阵。一般地，我们会使得 $\boldsymbol{D}=\boldsymbol{0}$。

1. 状态反馈前后系统的数学模型比较

参见图 5.1，引入状态反馈前，系统状态方程和输出方程及传递函数矩阵分别为

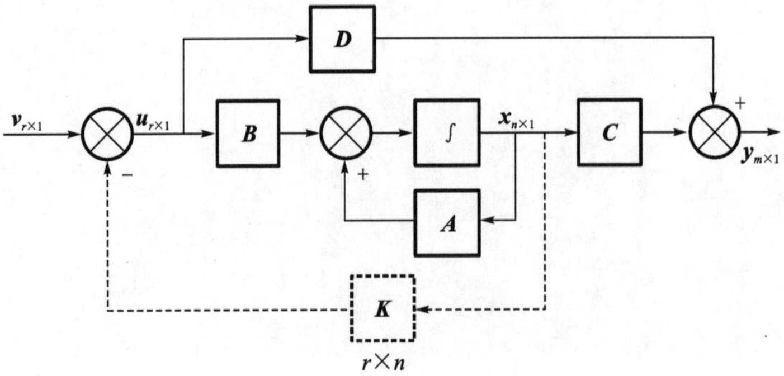

图 5.1 状态反馈控制系统结构图

$$\dot{\boldsymbol{x}}=\boldsymbol{A}\boldsymbol{x}+\boldsymbol{B}\boldsymbol{u} \tag{5-1}$$

$$\boldsymbol{y}=\boldsymbol{C}\boldsymbol{x} \tag{5-2}$$

$$\boldsymbol{W}(s)=\boldsymbol{C}(s\boldsymbol{I}-\boldsymbol{A})^{-1}\boldsymbol{B} \tag{5-3}$$

引入状态反馈后，系统状态方程和输出方程及传递函数矩阵分别为

$$\dot{\boldsymbol{x}}=(\boldsymbol{A}-\boldsymbol{B}\boldsymbol{K})\boldsymbol{x}+\boldsymbol{B}\boldsymbol{v} \tag{5-4}$$

$$\boldsymbol{y}=\boldsymbol{C}\boldsymbol{x} \tag{5-5}$$

$$\boldsymbol{W}(s)=\boldsymbol{C}(s\boldsymbol{I}-\boldsymbol{A}+\boldsymbol{B}\boldsymbol{K})^{-1}\boldsymbol{B} \tag{5-6}$$

式中：$\boldsymbol{v}$ 是输入向量，在物理上就是状态反馈前的输入向量 $\boldsymbol{u}$，只不过为区分反馈前后的输入量而引入了一个新符号。

$\boldsymbol{K}$ 为状态反馈增益矩阵。对于单输入系统，$\boldsymbol{K}$ 是 $1\times n$ 矩阵，即

$$\boldsymbol{K}=[k_1 \quad k_2 \quad \cdots \quad k_n]$$

对于多输入系统，$\boldsymbol{K}$ 是 $p\times n$ 矩阵，即

$$\boldsymbol{K}=\begin{bmatrix} k_{11} & k_{12} & \cdots & k_{1n} \\ k_{21} & k_{22} & \cdots & k_{2n} \\ \vdots & \vdots & & \vdots \\ k_{p1} & k_{p2} & \cdots & k_{pn} \end{bmatrix}$$

对比式(5-1)～式(5-3)与式(5-4)～式(5-6)，显而易见，经状态反馈后，系统的输入矩阵和输出矩阵没有改变，而系统矩阵由反馈前的 $\boldsymbol{A}$ 变为 $\boldsymbol{A}-\boldsymbol{B}\boldsymbol{K}$。

系统矩阵改变了，系统的特征值也就改变了，从而系统的特性也就改变了。欲得到所需要的特征值和系统特性，只需选取恰当的状态反馈增益矩阵 $\boldsymbol{K}$。

另外从图 5.1 容易看出，经状态反馈后，系统的实际控制量是原输入量和状态变量的线性组合，即

$$\boldsymbol{u}=\boldsymbol{v}-\boldsymbol{K}\boldsymbol{x}$$

显然，状态反馈增益矩阵 $\boldsymbol{K}$ 不同，实际控制量 $\boldsymbol{u}$ 就不同。从这一点看，状态反馈的本质是改变了控制作用。欲得到特定的控制作用，只需选取恰当的增益矩阵 $\boldsymbol{K}$。

例 5.1　已知被控对象状态方程为

$$\dot{\boldsymbol{x}}=\begin{bmatrix}0&0&0\\1&-6&0\\0&1&-12\end{bmatrix}\boldsymbol{x}+\begin{bmatrix}1\\0\\0\end{bmatrix}\boldsymbol{u}$$

求出使系统极点位于 $\lambda_1^*=-2,\lambda_{2,3}^*=-1\pm \mathrm{j}$ 的状态反馈行向量 $\boldsymbol{K}$。

解　(1)由系统的可控性矩阵

$$\mathrm{rank}\boldsymbol{S}=\mathrm{rank}[\boldsymbol{B}\quad \boldsymbol{AB}\quad \boldsymbol{A}^2\boldsymbol{B}]=\mathrm{rank}\begin{bmatrix}1&0&0\\0&1&-6\\0&0&1\end{bmatrix}=3$$

可判定被控对象可控,可以通过状态反馈控制实现极点任意配置。

(2)由给定的期望极点求得期望的特征多项式为

$$\Phi^*(s)=\prod_{i=1}^{3}(s-\lambda_i^*)=(s+2)(s+1-\mathrm{j})(s+1+\mathrm{j})=s^3+4s^2+6s+4$$

(3)闭环系统的特征多项式为

$$\Phi(s)=|s\boldsymbol{I}-(\boldsymbol{A}-\boldsymbol{BK})|=\left|\begin{bmatrix}s&0&0\\0&s&0\\0&0&s\end{bmatrix}-\begin{bmatrix}0&0&0\\1&-6&0\\0&1&-12\end{bmatrix}+\begin{bmatrix}1\\0\\0\end{bmatrix}[k_0\quad k_1\quad k_2]\right|$$

$$=\begin{vmatrix}s+k_0&k_1&k_2\\-1&s+6&0\\0&-1&s+12\end{vmatrix}$$

$$=s^3+(18+k_0)s^2+(72+18k_0+k_1)s+(72k_0+12k_1+k_2)$$

(4)由 $\Phi(s)=\Phi^*(s)$,有

$$s^3+(18+k_0)s^2+(72+18k_0+k_1)s+(72k_0+12k_1+k_2)=s^3+4s^2+6s+4$$

比较系数得联立方程组

$$\begin{cases}18+k_0=4\\72+18k_0+k_1=6\\72k_0+12k_1+k_2=4\end{cases}$$

解得 $k_0=-14,k_1=186,k_2=-1220$,即状态反馈行向量

$$\boldsymbol{K}=[-14\quad 186\quad -1220]$$

2. 状态反馈对系统可控性和可观性的影响

(1)状态反馈不改变系统可控性。

考虑到状态可控系统可化为可控规范型,为使问题简单化,假设原控制系统为可控规范Ⅰ型,其系统矩阵、输入矩阵、输出矩阵及对应的传递函数分别为

$$
\boldsymbol{A}=\begin{bmatrix} 0 & 1 & 0 & \cdots & 0 \\ 0 & 0 & 1 & \cdots & 0 \\ \vdots & \vdots & \vdots & & \vdots \\ 0 & 0 & 0 & \cdots & 1 \\ -a_0 & -a_1 & -a_2 & \cdots & -a_{n-1} \end{bmatrix},\quad \boldsymbol{B}=\begin{bmatrix} 0 \\ 0 \\ \vdots \\ 0 \\ 1 \end{bmatrix},\quad \boldsymbol{C}=[\beta_0 \quad \beta_1 \quad \cdots \quad \beta_{n-1}]
$$

$$
W(s)=\frac{Y(s)}{U(s)}=\frac{\beta_{n-1}s^{n-1}+\beta_{n-2}s^{n-2}+\cdots+\beta_1 s+\beta_0}{s^n+a_{n-1}s^{n-1}+\cdots+a_1 s+a_0}
$$

经状态反馈后，系统的输入矩阵和输出矩阵没有改变，而系统矩阵由反馈前的 $\boldsymbol{A}$ 变为

$$
\overline{\boldsymbol{A}}=\boldsymbol{A}-\boldsymbol{BK}=\begin{bmatrix} 0 & 1 & 0 & \cdots & 0 \\ 0 & 0 & 1 & \cdots & 0 \\ \vdots & \vdots & \vdots & & \vdots \\ 0 & 0 & 0 & \cdots & 1 \\ -a_0-k_1 & -a_1-k_2 & -a_2-k_3 & \cdots & -a_{n-1}-k_n \end{bmatrix} \tag{5-7}
$$

显然，状态反馈系统 $\Sigma(\overline{\boldsymbol{A}},\boldsymbol{B})$ 仍为可控规范型。这表明状态反馈不改变系统的可控性。

(2)状态反馈可改变系统极点，但不改变系统零点。

对照状态反馈前后系统的系数矩阵，容易写出状态反馈系统的传递函数，即

$$
W(s)=\frac{Y(s)}{U(s)}=\frac{\beta_{n-1}s^{n-1}+\beta_{n-2}s^{n-2}+\cdots+\beta_1 s+\beta_0}{s^n+(a_{n-1}+k_n)s^{n-1}+\cdots+(a_1+k_2)s+a_0+k_1} \tag{5-8}
$$

由上式可以看出，经状态反馈后，传递函数的分母多项式变了，而分子多项式没有变。这表明状态反馈可改变系统极点，但不改变系统零点。

(3)状态反馈有可能改变系统可观性，如状态反馈系统的极点等于系统零点时，因状态反馈可改变系统极点而不改变系统零点，如果状态反馈后反馈系统的极点等于系统零点，那么传递函数就会含有零、极点相消因子，这将导致系统不可观。状态反馈可改变系统稳定性，系统极点决定着系统的稳定性，状态反馈既然可改变系统极点，自然也就可改变系统的稳定性。

5.1.2 输出反馈控制系统

输出反馈有两种结构形式，一是从输出端到状态导数的反馈形式，二是从输出端到输入端的反馈形式。

1. 从输出端到状态导数的反馈

这种反馈是将输出信号引出来、经某种变换作用后传输到状态导数处，从而改变系

统特性的一种反馈，如图 5.2 所示，一般地，我们会使得 $\boldsymbol{D}=\boldsymbol{0}$。

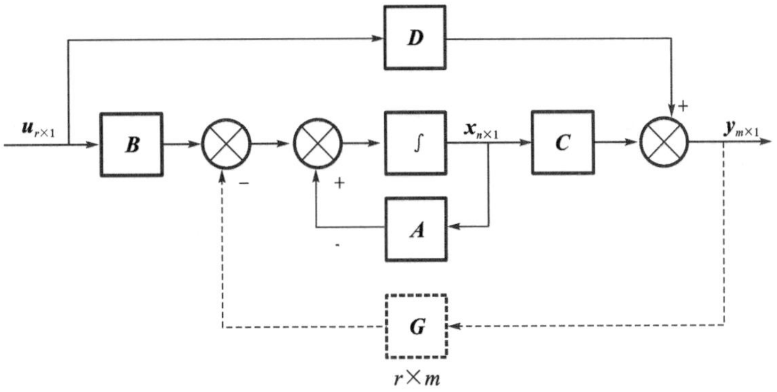

图 5.2 从输出端到状态导数的反馈控制系统结构图

图 5.2 中的反馈系统的状态方程和输出方程及传递函数矩阵分别为

$$\dot{\boldsymbol{x}}=(\boldsymbol{A}-\boldsymbol{GC})\boldsymbol{x}+\boldsymbol{Bu} \tag{5-9}$$

$$\boldsymbol{y}=\boldsymbol{Cx} \tag{5-10}$$

$$\boldsymbol{W}(s)=\boldsymbol{C}(s\boldsymbol{I}-\boldsymbol{A}+\boldsymbol{GC})^{-1}\boldsymbol{B} \tag{5-11}$$

式中，$\boldsymbol{G}$ 为输出反馈增益矩阵。

根据式(5-9)和式(5-10)，经输出反馈后，系统的输入矩阵和输出矩阵没有改变，而系统矩阵由反馈前的 $\boldsymbol{A}$ 变为 $\boldsymbol{A}-\boldsymbol{GC}$。欲得到期望的特征值和控制特性，只需选取恰当的输出反馈增益矩阵 $\boldsymbol{G}$。

例 5.2 设被控系统的状态空间表达式为

$$\begin{cases}\dot{\boldsymbol{x}}=\begin{bmatrix}0 & 2\\-1 & 0\end{bmatrix}\boldsymbol{x}+\begin{bmatrix}1 & 0\\0 & 1\end{bmatrix}\boldsymbol{u}\\ \boldsymbol{y}=\begin{bmatrix}1 & 0\end{bmatrix}\boldsymbol{x}\end{cases}$$

试选择反馈增益矩阵 $\boldsymbol{G}$，将闭环极点配置为 -5 和 -8。

解 判断可观性。因为

$$\mathrm{rank}\boldsymbol{Q}=\mathrm{rank}\begin{bmatrix}\boldsymbol{C}\\\boldsymbol{CA}\end{bmatrix}=\mathrm{rank}\begin{bmatrix}1 & 0\\0 & 2\end{bmatrix}=2$$

所以系统是可观的。

设 $\boldsymbol{G}=\begin{bmatrix}g_0\\g_1\end{bmatrix}$，则闭环控制系统的特征多项式为

$$f(\lambda)=|\lambda\boldsymbol{I}-(\boldsymbol{A}-\boldsymbol{GC})|=\lambda^2+g_0\lambda+2(1+g_1)$$

闭环控制系统期望的特征多项式为

$$f^*(\lambda)=(\lambda+5)(\lambda+8)=\lambda^2+13\lambda+40$$

比较系数得

$$G=\begin{bmatrix}13\\19\end{bmatrix}$$

2. 从输出端到输入端的反馈

这种反馈是将输出信号引出来、经某种变换作用后传输到输入端，从而改变系统特性的一种反馈，如图 5.3 所示。一般地，我们会使得 $\boldsymbol{D}=\boldsymbol{0}$。

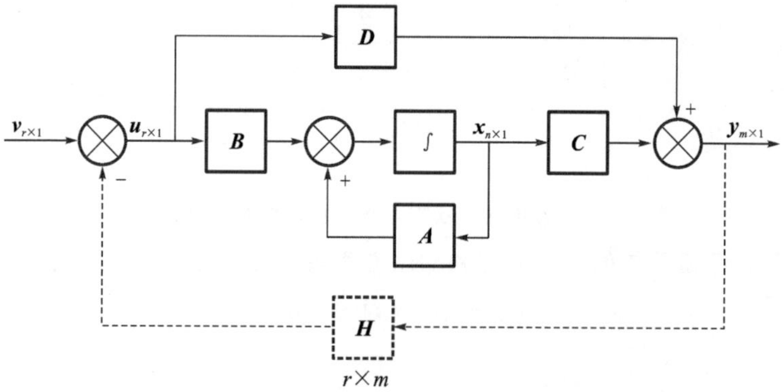

图 5.3　从输出端到输入端的反馈控制系统结构图

图 5.3 中的反馈系统的状态方程和输出方程及传递函数矩阵分别为

$$\dot{\boldsymbol{x}}=(\boldsymbol{A}-\boldsymbol{BHC})\boldsymbol{x}+\boldsymbol{Bv} \tag{5-12}$$

$$\boldsymbol{y}=\boldsymbol{Cx} \tag{5-13}$$

$$\boldsymbol{W}(s)=\boldsymbol{C}(s\boldsymbol{I}-\boldsymbol{A}+\boldsymbol{BHC})^{-1}\boldsymbol{B} \tag{5-14}$$

式中，$\boldsymbol{H}$ 为 $r\times m$ 的输出反馈增益矩阵，其中 r 和 m 分别是输入向量和输出向量的维数。

根据式(5-12)和式(5-13)，经输出反馈后，系统的输入矩阵和输出矩阵没有改变，而系统矩阵由反馈前的 $\boldsymbol{A}$ 变为 $\boldsymbol{A}-\boldsymbol{BHC}$。

另外从图 5.3 容易看出，经输出反馈后，系统的实际控制量是原输入量和状态变量的线性组合，即

$$\boldsymbol{u}=\boldsymbol{v}-\boldsymbol{HCx}$$

可见，与状态反馈类似，从输出端到输入端反馈的本质是改变了控制作用。

类似于状态反馈对系统可控性和可观性的影响的分析方法，我们可以得到以下结论：

(1)输出反馈不改变系统的可控性。只要将输出反馈视为特定的状态反馈，而状态反馈是不改变系统可控性的。

(2)输出反馈也不改变系统的可观性。

5.2　状态观测器

状态反馈是改善系统性能的重要方法，在系统综合中充分显示出其优越性。无论是系统的极点配置、镇定、解耦、无静差跟踪或最优控制等，都有赖于引入适当的状态反馈才能得以实现。然而，或者由于不易直接量测甚至根本无法检测；或者由于测量设备的经济性或使用性的限制，工程实际中获得系统的全部状态变量难以实现，从而使得状态反馈的物理实现遇到困难。这样，就提出了状态观测或者状态重构的问题。龙伯格（Luenberger）提出的状态观测器理论解决了确定性条件下系统的状态重构问题，从而使状态反馈成为一种可实现的控制律。

5.2.1　状态观测器定义

设受控对象动态方程为

$$\begin{cases}\dot{\boldsymbol{x}}=\boldsymbol{A}\boldsymbol{x}+\boldsymbol{B}\boldsymbol{u}\\ \boldsymbol{y}=\boldsymbol{C}\boldsymbol{x}\end{cases}\tag{5-15}$$

可建造一个与受控对象动态方程相同的模拟系统

$$\begin{cases}\dot{\hat{\boldsymbol{x}}}=\boldsymbol{A}\hat{\boldsymbol{x}}+\boldsymbol{B}\boldsymbol{u}\\ \hat{\boldsymbol{y}}=\boldsymbol{C}\boldsymbol{x}\end{cases}\tag{5-16}$$

式中，$\hat{\boldsymbol{x}}$，$\hat{\boldsymbol{y}}$分别为模拟系统的状态向量和输出向量。只要模拟系统与受控对象的初始状态向量相同，在同一输入量 $\boldsymbol{u}$ 作用下，便有$\hat{\boldsymbol{x}}=\boldsymbol{x}$，可用 $\dot{\boldsymbol{x}}$ 作为状态反馈需用的状态信息。但是，受控对象的初始状态可能不相同，模拟系统中积分器初始条件的设置只能预估，因而两个系统的初始状态总有差异，即使两个的 $\boldsymbol{A}$，$\boldsymbol{B}$，$\boldsymbol{C}$ 矩阵完全一样，也必存在估计状态与受控对象实际状态的误差$\hat{\boldsymbol{x}}-\boldsymbol{x}$，难以实现所需的状态反馈。但是，$\hat{\boldsymbol{x}}-\boldsymbol{x}$ 的存在必导致$\hat{\boldsymbol{y}}-\boldsymbol{y}$ 存在误差，将$\hat{\boldsymbol{y}}-\boldsymbol{y}$ 负反馈给状态微分处，可使$\hat{\boldsymbol{y}}-\boldsymbol{y}$ 尽快逼近于零，从而使$\hat{\boldsymbol{x}}-\boldsymbol{x}$ 尽快逼近于零，那么便可利用$\hat{\boldsymbol{x}}$来形成状态反馈。这样的模拟系统称之为状态观测器。

按以上原理，构成如图 5.4 所示的状态观测器及其实现状态反馈的结构图。由图可见，状态观测器的输入包含 $\boldsymbol{u}$ 和 $\boldsymbol{y}$，输出为$\hat{\boldsymbol{x}}$；$\boldsymbol{L}$ 为观测器输出反馈矩阵，它把$\hat{\boldsymbol{y}}-\boldsymbol{y}$ 负反馈至观测器状态微分处，是为了配置观测器极点，提高其动态性能即尽快使$\hat{\boldsymbol{x}}-\boldsymbol{x}$ 逼近于零而引入的。

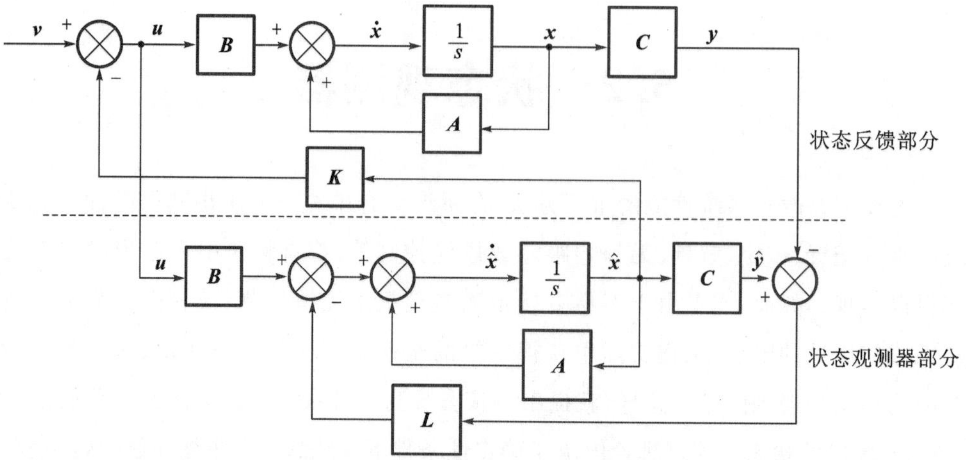

图 5.4　用状态观测器实现状态反馈的结构图

5.2.2　状态观测器的存在性

状态观测器的存在性定理　对线性定常系统，状态观测器存在的充要条件是原系统必须完全可观，或其不可观子系统是渐近稳定的。

证明　我们首先证明对线性定常系统，状态观测器存在的充要条件是原系统必须完全可观。

对于状态空间表达式形如式(5-15)的线性定常系统，用 $\Sigma_0(\boldsymbol{A},\boldsymbol{B},\boldsymbol{C})$ 来简要描述，将式(5-15)的输出方程对 t 逐次求导，代入状态方程并整理可得

$$\begin{cases} \boldsymbol{y}=\boldsymbol{C}\boldsymbol{x} \\ \dot{\boldsymbol{y}}=\boldsymbol{C}\dot{\boldsymbol{x}}=\boldsymbol{C}\boldsymbol{A}\boldsymbol{x}+\boldsymbol{C}\boldsymbol{B}\boldsymbol{u} \\ \ddot{\boldsymbol{y}}=\boldsymbol{C}\boldsymbol{A}\dot{\boldsymbol{x}}+\boldsymbol{C}\boldsymbol{B}\dot{\boldsymbol{u}}=\boldsymbol{C}\boldsymbol{A}^2\boldsymbol{x}+\boldsymbol{C}\boldsymbol{A}\boldsymbol{B}\boldsymbol{u}+\boldsymbol{C}\boldsymbol{B}\dot{\boldsymbol{u}} \\ \quad\vdots \\ \boldsymbol{y}^{(n-1)}=\boldsymbol{C}\boldsymbol{A}^{n-1}\boldsymbol{x}+\boldsymbol{C}\boldsymbol{B}\boldsymbol{u}^{(n-2)}+\boldsymbol{C}\boldsymbol{A}\boldsymbol{B}\boldsymbol{u}^{(n-3)}+\cdots+\boldsymbol{C}\boldsymbol{A}^{(n-2)}\boldsymbol{B}\boldsymbol{u} \end{cases}$$

将各式等号左边减去右边的控制输入项并用向量 $\boldsymbol{z}$ 表示，则有

$$\boldsymbol{z}=\begin{bmatrix} z_1 \\ z_2 \\ \vdots \\ z_n \end{bmatrix}=\begin{bmatrix} \boldsymbol{y} \\ \dot{\boldsymbol{y}}-\boldsymbol{C}\boldsymbol{B}\boldsymbol{u} \\ \vdots \\ \boldsymbol{y}^{(n-1)}-\boldsymbol{C}\boldsymbol{B}\boldsymbol{u}^{(n-2)}-\cdots-\boldsymbol{C}\boldsymbol{A}^{(n-2)}\boldsymbol{B}\boldsymbol{u} \end{bmatrix}=\begin{bmatrix} \boldsymbol{C} \\ \boldsymbol{C}\boldsymbol{A} \\ \vdots \\ \boldsymbol{C}\boldsymbol{A}^{n-1} \end{bmatrix}\boldsymbol{x}=\boldsymbol{Q}\boldsymbol{x} \qquad (5\text{-}17)$$

若系统完全可观，$\text{rank}\boldsymbol{Q}=n$，式(5-17)有唯一解，即

$$x=(Q^{T}Q)^{-1}Q^{T}z \tag{5-18}$$

因此，只有当系统是完全可观时，状态向量 x 才能由原系统的输入向量 u 和输出向量 y 以及它们各阶导数的线性组合构造出来。定理得证。

我们再证明如下命题：对于线性定常系统，状态观测器存在的充要条件是原系统的不可观子系统是渐近稳定的。

(1)设 $\Sigma_0(A,B,C)$ 不完全可观，可进行可观性结构分解。这里，不妨设 $\Sigma_0(A,B,C)$ 已具有可观性分解形式，即

$$x=\begin{bmatrix} x_{o} \\ x_{\bar{o}} \end{bmatrix},\quad A=\begin{bmatrix} A_{11} & 0 \\ A_{21} & A_{22} \end{bmatrix},\quad B=\begin{bmatrix} B_{1} \\ B_{2} \end{bmatrix},\quad C=[C_{1}\quad 0] \tag{5-19}$$

式中，x_{o} 为可观子状态；$x_{\bar{o}}$ 为不可观子状态；$[A_{11}\quad B_{1}\quad C_{1}]$ 为可观子系统；$[A_{22}\quad B_{2}\quad 0]$ 为不可观子系统。

(2)构造状态观测器 $\hat{\Sigma}$。设 $\hat{x}=[\hat{x}_{o}\quad \hat{x}_{\bar{o}}]^{T}$ 为状态 x 的估值，$L=[L_{1}\quad L_{2}]^{T}$ 为调节 $\hat{x}$ 渐近于 x 的速度的反馈增益矩阵，于是得观测器方程

$$\dot{\hat{x}}=A\hat{x}+Bu+L(y-C\hat{x}) \tag{5-20}$$

或

$$\dot{\hat{x}}=(A-LC)\hat{x}+Bu+LCx$$

定义 $\tilde{x}=x-\hat{x}$ 为状态误差矢量，可导出状态误差方程

$$\dot{\tilde{x}}=\dot{x}-\dot{\hat{x}}=\begin{bmatrix} \dot{x}_{o}-\dot{\hat{x}}_{o} \\ \dot{x}_{\bar{o}}-\dot{\hat{x}}_{\bar{o}} \end{bmatrix}$$

$$=\begin{bmatrix} A_{11}x_{o}+B_{1}u \\ A_{21}x_{o}+A_{22}x_{\bar{o}}+B_{2}u \end{bmatrix}-\begin{bmatrix} (A_{11}-L_{1}C_{1})\hat{x}_{o}+B_{1}u+L_{1}C_{1}x_{o} \\ (A_{21}-L_{2}C_{1})\hat{x}_{o}+A_{22}\hat{x}_{\bar{o}}+B_{2}u+L_{2}C_{1}x_{o} \end{bmatrix}$$

$$=\begin{bmatrix} (A_{11}-L_{1}C_{1})(x_{o}-\hat{x}_{o}) \\ (A_{21}-L_{2}C_{1})(x_{o}-\hat{x}_{o})+A_{22}(x_{\bar{o}}-\hat{x}_{\bar{o}}) \end{bmatrix} \tag{5-21}$$

(3)确定使 $\hat{x}$ 渐近于 x 的条件。

由式(5-21)得

$$\dot{x}_{o}-\dot{\hat{x}}_{o}=(A_{11}-L_{1}C_{1})(x_{o}-\hat{x}_{o}) \tag{5-22}$$

$$\dot{x}_{\bar{o}}-\dot{\hat{x}}_{\bar{o}}=(A_{21}-L_{2}C_{1})(x_{o}-\hat{x}_{o})+A_{22}(x_{\bar{o}}-\hat{x}_{\bar{o}}) \tag{5-23}$$

由式(5-22)可知，通过适当选择 L_{1}，可使 $A_{11}-L_{1}C_{1}$ 的特征值均具有负实部，因而有

$$\lim_{t\to\infty}(\boldsymbol{x}_{o}-\hat{\boldsymbol{x}}_{o})=\lim_{t\to\infty}\mathrm{e}^{(\boldsymbol{A}_{11}-\boldsymbol{L}_1\boldsymbol{C}_1)t}[\boldsymbol{x}_{o}(0)-\hat{\boldsymbol{x}}_{o}(0)]=0 \tag{5-24}$$

同理，由式(5-23)可得其解为

$$\begin{aligned}\boldsymbol{x}_{\bar{o}}-\hat{\boldsymbol{x}}_{\bar{o}}=&\mathrm{e}^{\boldsymbol{A}_{22}t}[\boldsymbol{x}_{\bar{o}}(0)-\hat{\boldsymbol{x}}_{\bar{o}}(0)]\\&+\int_0^t\mathrm{e}^{\boldsymbol{A}_{22}(t-\tau)}(\boldsymbol{A}_{21}-\boldsymbol{L}_2\boldsymbol{C}_1)\mathrm{e}^{(\boldsymbol{A}_{11}-\boldsymbol{L}_1\boldsymbol{C}_1)\tau}[\boldsymbol{x}_{o}(0)-\hat{\boldsymbol{x}}_{o}(0)]\mathrm{d}\tau\end{aligned} \tag{5-25}$$

由于$\lim\limits_{t\to\infty}\mathrm{e}^{(\boldsymbol{A}_{11}-\boldsymbol{L}_1\boldsymbol{C}_1)t}=0$，因此仅当

$$\lim_{t\to\infty}\mathrm{e}^{\boldsymbol{A}_{22}t}=0 \tag{5-26}$$

成立时，对任意 $\boldsymbol{x}_{\bar{o}}(0)$和$\hat{\boldsymbol{x}}_{\bar{o}}(0)$，有

$$\lim_{t\to\infty}(\boldsymbol{x}_{o}-\hat{\boldsymbol{x}}_{\bar{o}})=0 \tag{5-27}$$

而$\lim\limits_{t\to\infty}\mathrm{e}^{\boldsymbol{A}_{22}t}=0$ 与 $\boldsymbol{A}_{22}$的特征值均具有负实部等价。只有当 $\Sigma_0(\boldsymbol{A},\boldsymbol{B},\boldsymbol{C})$的不可观子系统渐近稳定时，才能使$\lim\limits_{t\to\infty}(\boldsymbol{x}-\hat{\boldsymbol{x}})=0$。定理得证。

5.2.3 状态观测器的实现

上述研究了状态观测器的存在性，下面来研究状态向量误差$\hat{\boldsymbol{x}}-\boldsymbol{x}$ 所应遵循的关系，有

$$\dot{\boldsymbol{x}}-\dot{\hat{\boldsymbol{x}}}=\boldsymbol{A}(\boldsymbol{x}-\hat{\boldsymbol{x}})+\boldsymbol{LC}(\hat{\boldsymbol{x}}-\boldsymbol{x})=(\boldsymbol{A}-\boldsymbol{LC})(\boldsymbol{x}-\hat{\boldsymbol{x}}) \tag{5-28}$$

其解为

$$\boldsymbol{x}-\hat{\boldsymbol{x}}=\mathrm{e}^{(\boldsymbol{A}-\boldsymbol{LC})(t-t_0)}[\boldsymbol{x}(t_0)-\hat{\boldsymbol{x}}(t_0)] \tag{5-29}$$

显然，当$\hat{\boldsymbol{x}}(t_0)=\boldsymbol{x}(t_0)$时，自然满足$\hat{\boldsymbol{x}}(t)=\boldsymbol{x}(t)$，所引入的反馈并不起作用；当$\hat{\boldsymbol{x}}(t_0)\neq\boldsymbol{x}(t_0)$时，$\hat{\boldsymbol{x}}(t)\neq\boldsymbol{x}(t)$，于是$\hat{\boldsymbol{y}}(t)\neq\boldsymbol{y}(t)$，输出反馈起作用了。这时只要 $\boldsymbol{A}-\boldsymbol{LC}$ 的特征值具有负实部，不论初始状态向量误差如何，总会按指数衰减规律满足式(5-29)，衰减速度取决于 $\boldsymbol{A}-\boldsymbol{LC}$ 的特征值配置。

对于 $\boldsymbol{A}-\boldsymbol{LC}$ 特征值配置问题，主要有以下结论：若受控对象式是可观测的，即若 $\Sigma(\boldsymbol{A},\boldsymbol{C})$为可观测，则必可通过选择增益矩阵 $\boldsymbol{L}$ 而任意配置 $\boldsymbol{A}-\boldsymbol{LC}$ 的全部特征值。

5.2.4 反馈矩阵的设计

根据前面的分析，构造状态观测器的原则是：

(1)观测器$\hat{\Sigma}(\boldsymbol{A}-\boldsymbol{LC},\boldsymbol{B},\boldsymbol{C})$应以 $\Sigma_0(\boldsymbol{A},\boldsymbol{B},\boldsymbol{C})$的输入向量 $\boldsymbol{u}$ 和输出向量 $\boldsymbol{y}$ 作为其输

入量。

(2)为了满足$\lim\limits_{t\to\infty}|\boldsymbol{x}-\hat{\boldsymbol{x}}|=0$，$\Sigma_0(\boldsymbol{A},\boldsymbol{B},\boldsymbol{C})$必须是状态完全可观的，或者其不可观子系统是渐近稳定的。

(3)$\hat{\Sigma}(\boldsymbol{A}-\boldsymbol{LC},\boldsymbol{B},\boldsymbol{C})$的输出向量 $\boldsymbol{x}$ 应以足够快的速度渐近收敛于 $\boldsymbol{x}$，即$\hat{\Sigma}$应有足够宽的频带。

(4)$\hat{\Sigma}(\boldsymbol{GA}-\boldsymbol{LC},\boldsymbol{B},\boldsymbol{C})$在结构上应尽量简单，即具有尽可能低的维数，以便于物理实现。

全维状态观测器就是对原系统的所有状态进行估计。全维状态观测器设计就是矩阵 $\boldsymbol{L}$ 的确定，当观测器的极点给定之后，依据前面从输出向量$\hat{\boldsymbol{y}}$到状态向量$\hat{\boldsymbol{x}}$的反馈配置极点的方法，即可确定矩阵 $\boldsymbol{L}$。

另一种比较实用的求矩阵 $\boldsymbol{L}$ 的方法是根据观测器的特征多项式

$$f_L(\lambda)=|\lambda\boldsymbol{I}-(\boldsymbol{A}-\boldsymbol{LC})|$$

和期望的特征多项式

$$f_G^*(\lambda)=\prod_{i=1}^{n}(\lambda-\lambda_i^*)=\lambda^n+a_{n-1}^*\lambda^{n-1}+\cdots+a_1^*\lambda+a_0^*$$

使两个等式的右边多项式的同次幂系数对应相等，得到 n 个代数方程，即可求出

$$\boldsymbol{L}=[l_0 \quad l_1 \quad \cdots \quad l_{n-1}]^{\mathrm{T}}$$

应当指出的是，当系统 $\Sigma(\boldsymbol{A},\boldsymbol{B},\boldsymbol{C})$不完全可观时，其不可观子系统是渐近稳定的，则仍可构造状态观测器。但这时，$\hat{\boldsymbol{x}}$趋近于 $\boldsymbol{x}$ 的速度将不能由 $\boldsymbol{L}$ 任意选择，而要受到不可观子系统极点位置的限制。

例 5.3　已知系统

$$\dot{\boldsymbol{x}}=\begin{bmatrix}1 & 0\\0 & 0\end{bmatrix}\boldsymbol{x}+\begin{bmatrix}1\\1\end{bmatrix}\boldsymbol{u},\quad \boldsymbol{y}=[2 \quad -1]\boldsymbol{x}$$

设计状态观测器使其极点为-10，-10，试设计反馈矩阵 $\boldsymbol{L}$。

解　检验可观性。因

$$\boldsymbol{N}=\begin{bmatrix}\boldsymbol{C}\\\boldsymbol{CA}\end{bmatrix}=\begin{bmatrix}2 & -1\\2 & 0\end{bmatrix}$$

满秩，故系统可观，可构造观测器。由题设易知

$$\boldsymbol{A}-\boldsymbol{LC}=\begin{bmatrix}1 & 0\\0 & 0\end{bmatrix}-\begin{bmatrix}l_1\\l_2\end{bmatrix}[2 \quad -1]=\begin{bmatrix}1-2l_1 & l_1\\-2l_2 & l_2\end{bmatrix}$$

$$f(\lambda)=|\lambda\boldsymbol{I}-(\boldsymbol{A}-\boldsymbol{LC})|$$

$$=\begin{vmatrix}\lambda-(1-2l_1) & -l_1\\ 2l_2 & \lambda-l_2\end{vmatrix}$$

$$=\lambda^2+(2l_1-l_2-1)\lambda+l_2$$

与期望特征多项式比较，得

$$\begin{cases}2l_1-l_2-1=20\\ l_2=100\end{cases}$$

故 $l_1=60.5$，则

$$\boldsymbol{L}=\begin{bmatrix}l_1\\ l_2\end{bmatrix}=\begin{bmatrix}60.5\\ 100\end{bmatrix}$$

例 5.4 设被控系统动态方程为

$$\dot{\boldsymbol{x}}=\begin{bmatrix}0 & 1\\ 0 & 0\end{bmatrix}\boldsymbol{x}+\begin{bmatrix}0\\ 1\end{bmatrix}\boldsymbol{u},\quad \boldsymbol{y}=\begin{bmatrix}1 & 0\end{bmatrix}\boldsymbol{x}$$

试设计全维状态观测器，使闭环极点位于 $-r$，$-2r(r>0)$。

解 本题属于全维观测器设计问题。首先检验系统的可观测性，再对观测器按期望极点进行配置。

(1)检验系统的可观测性。系统的可观测性矩阵为

$$\boldsymbol{Q}=\begin{bmatrix}\boldsymbol{C}\\ \boldsymbol{CA}\end{bmatrix}=\begin{bmatrix}1 & 0\\ 0 & 1\end{bmatrix}$$

且 $\text{rank}\boldsymbol{Q}=2=n$，系统状态完全可观测，可以进行全维状态观测器设计，由于系统可控，故可任意配置极点。

(2)全维状态观测器结构为

$$\dot{\hat{\boldsymbol{x}}}=(\boldsymbol{A}-\boldsymbol{LC})\hat{\boldsymbol{x}}+\boldsymbol{Bu}+\boldsymbol{LCx}$$

全维状态观测器系统矩阵为

$$\boldsymbol{A}-\boldsymbol{LC}=\begin{bmatrix}-l_0 & 1\\ -l_1 & 0\end{bmatrix}$$

观测器特征方程为

$$|\lambda\boldsymbol{I}-(\boldsymbol{A}-\boldsymbol{LC})|=\lambda^2+l_0\lambda+l_1$$

期望特征方程为

$$(\lambda+r)(\lambda+2r)=\lambda^2+3r\lambda+2r^2$$

令两特征方程同次项系数相等，可得

$$l_0=3r,\quad l_1=2r^2$$

其中 l_0，l_1 分别为引至 $\dot{\hat{x}}_1$，$\dot{\hat{x}}_2$ 的反馈系数。

5.3　利用 MATLAB 设计系统的状态负反馈和状态观测器

MATLAB 控制系统工具箱中提供了很多函数用来进行系统的状态负反馈控制律和状态观测器的设计。

5.3.1　状态负反馈闭环系统的极点配置

当系统完全可控时，通过状态负反馈可实现闭环系统极点的任意配置。其关键是求解状态负反馈矩阵 $\boldsymbol{K}$，当系统的阶数大于 3，或系统为多输入多输出系统时，具体设计要困难得多。如果采用 MATLAB 进行辅助设计，问题就简单多了。

例 5.5　已知系统的状态方程为

$$\dot{\boldsymbol{x}}=\begin{bmatrix}-2 & -1 & 1\\ 1 & 0 & 1\\ -1 & 0 & 1\end{bmatrix}\boldsymbol{x}+\begin{bmatrix}1\\ 1\\ 1\end{bmatrix}\boldsymbol{u}$$

采用状态负反馈，将系统的极点配置到−1，−2，−3，求状态负反馈矩阵 $\boldsymbol{K}$。

解　MATLAB 程序为

```
% Example6_12.m
A=[-2  -1  1;1  0  1;-1  0  1];
b=[1;1;1];
Qc=ctrb(A,b);
rc=rank(Qc);
f=conv([1,1],conv([1,2],[1,3]));
K=[zeros(1,length(A)-1)1]* inv(Qc)* polyvalm(f,A)
```

在 MATLAB 的控制系统工具箱中提供了单输入单输出系统极点配置函数 acker()，该函数的调用格式为

$$\boldsymbol{K}=\mathrm{acker}(\boldsymbol{A},\boldsymbol{b},\boldsymbol{P})$$

其中，$\boldsymbol{P}$ 为给定的期望极点，$\boldsymbol{K}$ 为状态负反馈矩阵。

对于例 5.5，采用下面命令可得同样结果。

```
>>A=[-2  -1  1;1  0  1;-1  0  1];b=[1;1;1];
>>rc=rank(ctrb(A,b));
>>P=[-1  -2  -3];
>>K=acker(A,b,P)
```

5.3.2 状态观测器的设计

1. 全维状态观测器的设计

极点配置是基于状态负反馈，因此状态 $\boldsymbol{x}$ 必须可测量，当状态不能测量时，则应设计状态观测器来估计状态。

对于系统

$$\begin{cases}\dot{\boldsymbol{x}}=\boldsymbol{A}\boldsymbol{x}+\boldsymbol{B}\boldsymbol{u}\\ \boldsymbol{y}=\boldsymbol{C}\boldsymbol{s}\end{cases} \tag{5-30}$$

若其状态完全可观，则可构造状态观测器。在 MATLAB 设计中，利用对偶原理，可使设计问题大为简化，求解过程如下。

首先，构造系统式(5-30)的对偶系统，即

$$\begin{cases}\boldsymbol{z}=\boldsymbol{A}^{\mathrm{T}}\boldsymbol{z}+\boldsymbol{C}^{\mathrm{T}}\boldsymbol{v}\\ \boldsymbol{w}=\boldsymbol{B}^{\mathrm{T}}\boldsymbol{z}\end{cases} \tag{5-31}$$

然后，对偶系统按极点配置求状态负反馈矩阵 $\boldsymbol{K}$，即

$$\boldsymbol{K}=\mathrm{acker}(\boldsymbol{A}^{\mathrm{T}},\boldsymbol{C}^{\mathrm{T}},\boldsymbol{P}) \quad 或 \quad \boldsymbol{K}=\mathrm{place}(\boldsymbol{A}^{\mathrm{T}},\boldsymbol{C}^{\mathrm{T}},\boldsymbol{P})$$

原系统的状态观测器的反馈矩阵 $\boldsymbol{L}$ 为其对偶系统的状态负反馈矩阵 $\boldsymbol{K}$ 的转置，即 $\boldsymbol{L}=\boldsymbol{K}^{\mathrm{T}}$；$\boldsymbol{P}$ 为给定的观测器期望极点。

例 5.6 已知开环系统

$$\begin{cases}\dot{\boldsymbol{x}}=\boldsymbol{A}\boldsymbol{x}+\boldsymbol{b}\boldsymbol{u}\\ \boldsymbol{y}=\boldsymbol{c}\boldsymbol{x}\end{cases}$$

其中

$$\boldsymbol{A}=\begin{bmatrix}0 & 1 & 0\\ 0 & 0 & 1\\ -6 & -11 & -6\end{bmatrix},\quad \boldsymbol{b}=\begin{bmatrix}0\\ 0\\ 1\end{bmatrix},\quad \boldsymbol{c}=\begin{bmatrix}1 & 0 & 0\end{bmatrix}$$

设计全维状态观测器，使观测器的闭环极点为 $-2\pm \mathrm{j}2\sqrt{3}$，$-5$。

解 为求出状态观测器的反馈矩阵 $\boldsymbol{L}$，先为原系统构造一对偶系统：

$$\begin{cases}\dot{\boldsymbol{z}}=\boldsymbol{A}^{\mathrm{T}}\boldsymbol{z}+\boldsymbol{C}^{\mathrm{T}}\boldsymbol{v}\\ \boldsymbol{w}=\boldsymbol{B}^{\mathrm{T}}\boldsymbol{z}\end{cases}$$

采用极点配置方法对对偶系统进行闭环极点的配置，得到负反馈矩阵 $\boldsymbol{K}$，再由对偶原理得到原系统的状态观测器的反馈矩阵 $\boldsymbol{L}$。

MATLAB 程序为

```
% Example6_13.m
A=[0  1  0;0  0  1;-6  -11  -6];
b=[0;0;1];
c=[1  0  0];
Disp('The Rank of Observability Matrix')
r0=rank(obsv(A,c))
A1=A';b1=c';c1=b';
P=[-2+ 2* sqrt(3)* j  -2-2* sqrt(3)* j  -5];
K=acker(A1,b1,P);
L=K'
```

2. 降维观测器的设计

已知线性定常系统

$$\begin{cases}\dot{\boldsymbol{x}}=\boldsymbol{A}\boldsymbol{x}+\boldsymbol{B}\boldsymbol{u}\\ \boldsymbol{y}=\boldsymbol{C}\boldsymbol{x}\end{cases}\tag{5-32}$$

状态完全可观，则可将状态 $\boldsymbol{x}$ 分为可测量和不可测量两部分，通过特定线性非奇异变换可导出系统状态空间表达式的分块矩阵形式，即

$$\begin{cases}\begin{bmatrix}\dot{\bar{\boldsymbol{x}}}_1\\ \dot{\bar{\boldsymbol{x}}}_2\end{bmatrix}=\begin{bmatrix}\bar{\boldsymbol{A}}_{11} & \bar{\boldsymbol{A}}_{12}\\ \bar{\boldsymbol{A}}_{21} & \bar{\boldsymbol{A}}_{22}\end{bmatrix}\begin{bmatrix}\bar{\boldsymbol{x}}_1\\ \bar{\boldsymbol{x}}_2\end{bmatrix}+\begin{bmatrix}\bar{\boldsymbol{B}}_1\\ \bar{\boldsymbol{B}}_2\end{bmatrix}\boldsymbol{u}\\ \boldsymbol{y}=[1\quad 0]\begin{bmatrix}\bar{\boldsymbol{x}}_1\\ \bar{\boldsymbol{x}}_2\end{bmatrix}\end{cases}$$

由上式可以看出，状态 $\bar{\boldsymbol{x}}$ 能够直接由输出量 $\boldsymbol{y}$ 获得，不必再通过观测器观测，所以只要求对 $n-m$ 维状态变量由观测器进行重构。由上式可得关于 $\bar{\boldsymbol{x}}_2$ 的状态方程为

$$\begin{cases}\dot{\bar{\boldsymbol{x}}}_2=\bar{\boldsymbol{A}}_{22}\bar{\boldsymbol{x}}_2+\bar{\boldsymbol{A}}_{21}\boldsymbol{y}+\bar{\boldsymbol{B}}_2\boldsymbol{u}\\ \dot{\boldsymbol{y}}-\bar{\boldsymbol{A}}_{11}\boldsymbol{y}-\bar{\boldsymbol{B}}_1\boldsymbol{u}=\bar{\boldsymbol{A}}_{12}\bar{\boldsymbol{x}}_2\end{cases}$$

与全维状态观测器方程进行对比，可得到两者之间的对应关系，见表 5-1。

表 5-1 全维与降维状态观测器各物理量的对比

项目	全维观测器	降维观测器	项目	全维观测器	降维观测器
状态向量	$\boldsymbol{x}$	$\bar{\boldsymbol{x}}_2$	输出向量	$\boldsymbol{y}$	$\dot{\boldsymbol{y}}-\bar{\boldsymbol{A}}_{11}\boldsymbol{y}-\bar{\boldsymbol{B}}_1\boldsymbol{u}$
系统矩阵	$\boldsymbol{A}$	$\bar{\boldsymbol{A}}_{22}$	输出矩阵	$\boldsymbol{C}$	$\bar{\boldsymbol{A}}_{12}$
控制作用	$\boldsymbol{Bu}$	$\bar{\boldsymbol{A}}_{21}\boldsymbol{y}+\bar{\boldsymbol{B}}_2\boldsymbol{u}$	反馈矩阵	$\boldsymbol{L}_{n\times 1}$	$\boldsymbol{L}_{(n-m)\times 1}$

由此可得降维状态观测器的等效方程为

$$\begin{cases}\dot{\boldsymbol{z}}=\boldsymbol{A}_{\text{ro}}\boldsymbol{z}+\boldsymbol{B}_{\text{ro}}\boldsymbol{v}\\ \boldsymbol{w}=\boldsymbol{C}_{\text{ro}}\boldsymbol{z}\end{cases}\tag{5-33}$$

其中

$$\boldsymbol{A}_{\text{ro}}=\bar{\boldsymbol{A}}_{22},\quad \boldsymbol{B}_{\text{ro}}\boldsymbol{v}=\bar{\boldsymbol{A}}_{21}\boldsymbol{y}+\bar{\boldsymbol{B}}_2\boldsymbol{u},\quad \boldsymbol{C}_{\text{ro}}=\bar{\boldsymbol{A}}_{12}$$

下标 ro 是 reduced-order observer 的缩写。然后,使用 MATLAB 的函数 place()或 acker(),根据全维状态观测器的设计方法求解反馈矩阵 $\boldsymbol{L}$。

降维观测器的方程为

$$\begin{cases}\dot{\boldsymbol{z}}=(\bar{\boldsymbol{A}}_{22}-\bar{\boldsymbol{L}}\,\bar{\boldsymbol{A}}_{12})(\boldsymbol{z}+\bar{\boldsymbol{L}}\boldsymbol{y})+(\bar{\boldsymbol{A}}_{21}-\bar{\boldsymbol{L}}\,\bar{\boldsymbol{A}}_{11}\boldsymbol{y}+(\bar{\boldsymbol{B}}_2-\bar{\boldsymbol{L}}^2\bar{\boldsymbol{B}}_1)\boldsymbol{u}\\ \hat{\bar{\boldsymbol{x}}}=\boldsymbol{z}+\bar{\boldsymbol{L}}\boldsymbol{y}\end{cases}\tag{5-34}$$

例 5.7 设开环系统$\begin{cases}\dot{\boldsymbol{x}}=\boldsymbol{Ax}+\boldsymbol{bu},\\ \boldsymbol{y}=\boldsymbol{cx},\end{cases}$其中

$$\boldsymbol{A}=\begin{bmatrix}0&1&0\\0&0&1\\-6&-11&-6\end{bmatrix},\quad \boldsymbol{b}=\begin{bmatrix}0\\0\\1\end{bmatrix},\quad \boldsymbol{c}=[1\quad 0\quad 0]$$

设计降维状态观测器,使闭环极点为$-2\pm\text{j}2\sqrt{3}$。

解 由于 $\boldsymbol{x}_1$ 可测量,因此只需设计 $\boldsymbol{x}_2$ 和 $\boldsymbol{x}_3$ 的状态观测器,故根据原系统可得不可测量部分的状态空间表达式为

$$\begin{cases}\dot{\bar{\boldsymbol{x}}}_2=\bar{\boldsymbol{A}}_{22}\bar{\boldsymbol{x}}_2+\bar{\boldsymbol{A}}_{21}\boldsymbol{y}+\bar{\boldsymbol{b}}_2\boldsymbol{u}\\ \dot{\boldsymbol{y}}-\bar{\boldsymbol{A}}_{11}\boldsymbol{y}-\bar{\boldsymbol{b}}_1\boldsymbol{u}=\bar{\boldsymbol{A}}_{12}\bar{\boldsymbol{x}}_2\end{cases}$$

其中

$$\bar{\boldsymbol{A}}_{11}=[0],\quad \bar{\boldsymbol{A}}_{12}=[1\quad 0],\quad \bar{\boldsymbol{A}}_{21}=\begin{bmatrix}0\\-6\end{bmatrix}$$

$$\bar{\boldsymbol{A}}_{22}=\begin{bmatrix}0&1\\-11&-6\end{bmatrix},\quad \bar{\boldsymbol{b}}_1=[0],\quad \bar{\boldsymbol{b}}_2=\begin{bmatrix}0\\1\end{bmatrix}$$

等效系统为

$$\begin{cases}\dot{\boldsymbol{z}}=\boldsymbol{A}_{\mathrm{ro}}\boldsymbol{z}+\boldsymbol{b}_{\mathrm{ro}}\boldsymbol{v}\\ \boldsymbol{w}=\boldsymbol{c}_{\mathrm{ro}}\boldsymbol{z}\end{cases}$$

其中

$$\boldsymbol{A}_{\mathrm{ro}}=\overline{\boldsymbol{A}}_{22},\quad \boldsymbol{b}_{\mathrm{ro}}\boldsymbol{v}=\overline{\boldsymbol{A}}_{21}\boldsymbol{y}+\overline{\boldsymbol{b}}_{2}\boldsymbol{u},\quad \boldsymbol{c}_{\mathrm{ro}}=\overline{\boldsymbol{A}}_{12}$$

MATLAB 程序为

```
% Example6_14.m
A=[0  1  0;0  0  1;-6  -11  -6];b=[0;0;1];c=[1  0  0];
A11=[A(1,1)];A12=[A(1,2:3)];
A21=[A(2:3,1)];A22=[A(2:3,2:3)];
B1=b(1,1);B2=b(2:3,1);
Aro=A22;Cro=A12;
r0=rank(obsv(Aro,Cro))
P=[-2+ 2* sqrt(3)* j  -2-2* sqrt(3)* j];
K=acker(Aro',Cro',P);
L=K'
```

5.3.3　带状态观测器的闭环系统极点配置

状态观测器解决了被控系统的状态重构问题，为那些状态变量不能直接测量的系统实现状态负反馈创造了条件。带状态观测器的状态负反馈系统由三部分组成，即被控系统、观测器和状态负反馈控制律。

设状态完全可控且完全可观的被控系统为

$$\begin{cases}\dot{\boldsymbol{x}}=\boldsymbol{A}\boldsymbol{x}+\boldsymbol{B}\boldsymbol{u}\\ \boldsymbol{y}=\boldsymbol{C}\boldsymbol{x}\end{cases}$$

状态负反馈控制律为

$$\boldsymbol{u}=\boldsymbol{r}-\boldsymbol{K}\hat{\boldsymbol{x}}$$

状态观测器方程为

$$\dot{\hat{\boldsymbol{x}}}=(\boldsymbol{A}-\boldsymbol{L}\boldsymbol{C})\hat{\boldsymbol{x}}+\boldsymbol{B}\boldsymbol{u}+\boldsymbol{L}\boldsymbol{y}$$

由以上三式可得闭环系统的状态空间表达式为

$$\begin{cases} \dot{x}=Ax-BK\hat{x}+Br \\ \dot{\hat{x}}=LCx+(A-LC-BK)\hat{x}+Br \\ y=Cx \end{cases}$$

根据分离原理，系统的状态负反馈矩阵 $\boldsymbol{K}$ 和观测器反馈矩阵 $\boldsymbol{L}$ 可分别设计。

例 5.8 已知开环系统

$$\begin{cases} \dot{x}=\begin{bmatrix} 0 & 1 \\ 20.6 & 0 \end{bmatrix} x+\begin{bmatrix} 0 \\ 1 \end{bmatrix} u \\ y=\begin{bmatrix} 1 & 0 \end{bmatrix} x \end{cases}$$

设计状态负反馈使闭环极点为−1.8±j2.4，设计状态观测器使其闭环极点为−8，−8。

解 状态负反馈和状态观测器的设计分开进行，状态观测器的设计借助于对偶原理。在设计之前，应先判别系统的状态可控性和可观性。

MATLAB 的程序为

```
% Example6 15.m
A=[0  1;20.6  0];b=[0;1];c=[1  0];
% Check Controllability and Observability
disp('The Rank of Controllability Matrix')
Rc=rank(ctrb(A,b))
disp('The Rank of Observability Matrix')
Ro=rank(obsv(A,c))
% Design Regulator
P=[-1.8+ 2.4* j-1.8-2.4* j];
K=acker(A,b,P)
% Design State Observer
A1=A';b1=c';c1=b';P1=[-8  -8];
K1=acker(A1,b1,P1);L=K1'
```

习　题

5-1 判断下列系统能否用状态反馈任意地配置特征值。

(1) $\dot{x}=\begin{bmatrix} 1 & 2 \\ 3 & 1 \end{bmatrix} x+\begin{bmatrix} 1 \\ 0 \end{bmatrix} u$

(2) $\dot{x}=\begin{bmatrix}0 & 1 & 0 & 0\\0 & 0 & -1 & 0\\0 & 0 & 0 & 1\\0 & 0 & 11 & 0\end{bmatrix}x+\begin{bmatrix}0\\1\\0\\-1\end{bmatrix}u$

(3) $\dot{x}=\begin{bmatrix}1 & -1 & 1\\0 & 1 & 1\\1 & 0 & 1\end{bmatrix}x+\begin{bmatrix}0\\0\\1\end{bmatrix}u$

(4) $\dot{x}=\begin{bmatrix}0 & -1 & 0\\0 & -1 & 1\\0 & -1 & -10\end{bmatrix}x+\begin{bmatrix}0\\0\\10\end{bmatrix}u$

5-2　设系统状态空间描述为

$$\begin{cases}\dot{x}=\begin{bmatrix}-5 & -1\\6 & 0\end{bmatrix}x+\begin{bmatrix}0\\2\end{bmatrix}u\\ y=[0\quad 1]x\end{cases}$$

(1)画出系统的状态结构图；

(2)求系统的传递函数；

(3)设计全维状态观测器，将观测器极点配置在点($-10+j10$，$-10-j10$)处；

(4)在(3)的基础上，设计状态反馈 $u=v-Kx$，反馈矩阵 K，使系统闭环极点配置在($-5+j5$，$-5-j5$)处；

(5)画出系统总体状态结构图。

5-3　给定系统的传递函数为

$$G(s)=\frac{1}{s(s+4)(s+8)}$$

试确定线性状态反馈控制律，使闭环极点为-2，-4，-7。

5-4　已知系统

$$\begin{cases}\dot{x}=\begin{bmatrix}-1 & 0 & 0\\0 & -2 & -3\\1 & 0 & 1\end{bmatrix}x+\begin{bmatrix}1 & 0\\0 & 1\\0 & -1\end{bmatrix}u\\ y=\begin{bmatrix}1 & 0 & 0\\0 & 1 & 1\end{bmatrix}x\end{cases}$$

设计状态反馈使系统解耦，且极点为-1，-2，-3。

5-5 已知系统状态空间表达式为

$$\begin{cases}\dot{\boldsymbol{x}}=\begin{bmatrix}1 & 0\\1 & 0\end{bmatrix}\boldsymbol{x}+\begin{bmatrix}1\\0\end{bmatrix}\boldsymbol{u}\\ \boldsymbol{y}=\boldsymbol{c}\boldsymbol{x}\end{cases}$$

试问能否设计状态反馈阵 $\boldsymbol{K}$,使闭环极点为-1,-2,为什么？若能,求 $\boldsymbol{K}$。

5-6 给定单输入线性定常系统为

$$\dot{\boldsymbol{x}}=\begin{bmatrix}0 & 0 & 0\\1 & -6 & 0\\0 & 1 & -12\end{bmatrix}\boldsymbol{x}+\begin{bmatrix}1\\0\\0\end{bmatrix}\boldsymbol{u}$$

试求出状态反馈 $\boldsymbol{u}=-\boldsymbol{K}\boldsymbol{x}$,使得闭环系统的特征值为 $\lambda_1^*=-2$,$\lambda_2^*=-1+\mathrm{j}$,$\lambda_3^*=-1-\mathrm{j}$。

5-7 已知系统

$$\begin{cases}\dot{\boldsymbol{x}}=\begin{bmatrix}0 & 1\\0 & 0\end{bmatrix}\boldsymbol{x}+\begin{bmatrix}0\\1\end{bmatrix}\boldsymbol{u}\\ \boldsymbol{y}=\begin{bmatrix}1 & 0\end{bmatrix}\boldsymbol{x}\end{cases}$$

试设计一状态观测器,使观测器的极点为-3,-6。

5-8 已知系统

$$\begin{cases}\dot{\boldsymbol{x}}=\begin{bmatrix}-2 & 1\\0 & -1\end{bmatrix}\boldsymbol{x}+\begin{bmatrix}0\\1\end{bmatrix}\boldsymbol{u}\\ \boldsymbol{y}=\begin{bmatrix}1 & 0\end{bmatrix}\boldsymbol{x}\end{cases}$$

设状态变量 $\boldsymbol{x}_2$ 不能测取,试设计全维和降维观测器,使观测器极点为-3,-3。

5-9 已知系统

$$\begin{cases}\dot{\boldsymbol{x}}=\begin{bmatrix}0 & 1 & 0\\0 & 0 & 1\\0 & 0 & 0\end{bmatrix}\boldsymbol{x}+\begin{bmatrix}0\\0\\1\end{bmatrix}\boldsymbol{u}\\ \boldsymbol{y}=\begin{bmatrix}1 & 0 & 0\end{bmatrix}\boldsymbol{x}\end{cases}$$

设计一降维观测器,使观测器极点为-4,-5,并画出模拟结构图。

5-10 已知系统的传递函数为

$$G(s)=\frac{s+1}{s^2(s+3)}$$

试设计一个状态反馈矩阵,将闭环系统的极点配置在-2,-2 和-1,并说明所得闭环系统的可观性。

5-11　已知系统状态方程为

$$\dot{\boldsymbol{x}}=\begin{bmatrix}1 & 0\\ 0 & 1\end{bmatrix}\boldsymbol{x}+\begin{bmatrix}1 & 1\\ 0 & 1\end{bmatrix}\boldsymbol{u}$$

试设计一个状态反馈矩阵，使闭环系统的极点为-1和-2，并画出反馈控制系统的状态变量图。

5-12　已知系统状态方程为

$$\dot{\boldsymbol{x}}=\begin{bmatrix}1 & 1 & 0\\ 0 & 1 & 0\\ 0 & 0 & 2\end{bmatrix}\boldsymbol{x}+\begin{bmatrix}0 & 0\\ 1 & 0\\ 0 & -2\end{bmatrix}\boldsymbol{u}$$

求出状态反馈矩阵，使闭环系统的极点为-2和$-1\pm \mathrm{j}2$，并画出反馈控制系统的状态变量图。

5-13　双输入单输出系统的系数矩阵分别为

$$\boldsymbol{A}=\begin{bmatrix}0 & 0 & 5\\ 1 & 0 & -1\\ 0 & 1 & 3\end{bmatrix},\quad \boldsymbol{B}=\begin{bmatrix}-2 & 0\\ 1 & -4\\ 0 & 2\end{bmatrix},\quad \boldsymbol{C}=\begin{bmatrix}0 & 0 & 1\end{bmatrix}$$

验证系统是不稳定的，$[\boldsymbol{A},\boldsymbol{B}]$完全可控，$[\boldsymbol{A},\boldsymbol{B}]$完全可观。

5-14　给定系统的状态空间表达式为

$$\begin{cases}\dot{\boldsymbol{x}}=\begin{bmatrix}-1 & -2 & -3\\ 0 & -1 & 1\\ 1 & 0 & -1\end{bmatrix}\boldsymbol{x}+\begin{bmatrix}2\\ 0\\ 1\end{bmatrix}\boldsymbol{u}\\ \boldsymbol{y}=\begin{bmatrix}1 & 1 & 0\end{bmatrix}\boldsymbol{x}\end{cases}$$

(1)设计一个具有特征值为-3、-4、-5的全维状态观测器；

(2)设计一个具有特征值为-3、-4的降维状态观测器；

(3)画出系统结构图。

5-15　给定系统的传递函数为

$$g(s)=\frac{1}{s(s+1)(s+2)}$$

(1)确定一个状态反馈增益矩阵$\boldsymbol{K}$，使闭环系统的极点为-3和$-\frac{1}{2}\pm \mathrm{j}\frac{\sqrt{3}}{2}$；

(2)确定一个全维状态观测器，并使观测器的特征值均为-5；

(3)求出闭环传递函数。

5-16 给定受控系统为

$$\begin{cases}\dot{\boldsymbol{x}}=\begin{bmatrix}0 & 1 & 0 & 0\\0 & 0 & -2 & 0\\0 & 0 & 0 & 1\\0 & 0 & 4 & 0\end{bmatrix}\boldsymbol{x}+\begin{bmatrix}0\\1\\0\\-1\end{bmatrix}\boldsymbol{u}\\ \boldsymbol{y}=\begin{bmatrix}1 & 0 & 0 & 0\end{bmatrix}\boldsymbol{x}\end{cases}$$

(1)设计状态反馈增益矩阵 $\boldsymbol{K}$,使得闭环特征值为 $\lambda_1^*=-1,\lambda_{2,3}^*=-1\pm \mathrm{j},\lambda_4^*=-2$;

(2)设计降维状态观测器,使观测器的特征值为 $\lambda_1=-3,\lambda_{2,3}=-3\pm \mathrm{j}2$;

(3)确定重构状态 $\hat{\boldsymbol{x}}$ 和由 $\hat{\boldsymbol{x}}$ 构成的状态反馈规律。

第6章

系统稳定性及其李雅普诺夫稳定性

稳定性是自动控制系统能否正常工作的先决条件。系统稳定与否,取决于受扰自由运动的变化形式。而自由运动是系统外部激励消失以后由不为零的初始状态引发的,其变化规律只取决于系统本身的结构及参数。因此,系统的稳定性也只取决于系统本身的结构及参数,是系统本身的固有特性,与控制作用无关。在研究稳定性时,只考虑自由运动数学模型(即齐次微分方程),不考虑输入量。因此,系统稳定性判别及如何改善其稳定性是控制系统分析和综合的首要问题。经典控制理论中推导出线性定常连续系统稳定的充分必要条件,即全部极点为负数或实部为负数。以此为基础,可以推导出一些稳定性实用判据,如代数判据、奈奎斯特判据、对数判据、根轨迹判据等。这些判据对线性定常系统有效而实用,但不适用于非线性、时变系统;相平面法则只适应于一阶、二阶非线性系统。

1892 年,俄国数学家李雅普诺夫提出了判定稳定性的两种方法:一种是根据微分方程解的性质来判定系统的稳定性,一般称为李雅普诺夫第一法或间接法;另一种是不需求解微分方程,通过构造一个以系统微分方程为根据的标量函数,再根据该标量函数的定号性来判定系统的稳定性,一般称为李雅普诺夫第二法或直接法。第一法仍未绕过求解微分方程的困难,难以广泛应用,而第二法不需要求解微分方程,只需构造一个相关的标量函数,适应性自然要广泛得多。

6.1 李雅普诺夫稳定性定义

1. 李雅普诺夫意义下的稳定

在平衡状态 $\boldsymbol{x}_e$ 的邻域内,任意选定正实数 ε,如果存在另一正实数 $\delta=\delta(\varepsilon,t_0)$,当初

始状态 $\boldsymbol{x}(t_0)$满足

$$\|\boldsymbol{x}(t_0)-\boldsymbol{x}_e\|\leqslant\delta \tag{6-1}$$

时，由 $\boldsymbol{x}(t_0)$引发的系统自由运动 $\boldsymbol{x}(t)$总满足

$$\|\boldsymbol{x}(t)-\boldsymbol{x}_e\|<\varepsilon \tag{6-2}$$

则称系统在 $\boldsymbol{x}_e$ 处是李雅普诺夫意义下稳定的。如果 $\delta=\delta(\varepsilon)$与初始时刻 t_0 无关，则称系统在李雅普诺夫意义下是一致稳定的。

对于 n 阶系统，在状态空间 $\mathbf{R}^n$，$\|\boldsymbol{x}(t)-\boldsymbol{x}_e\|$ 是欧几里得范数，即

$$\|\boldsymbol{x}(t)-\boldsymbol{x}_e\|=\sqrt{(x_1-x_{e1})^2+(x_2-x_{e2})^2+\cdots+(x_n-x_{en})^2} \tag{6-3}$$

由此可知，式(6-1)和式(6-2)分别划定了一个超球域，两个超球域的球心在平衡状态 $\boldsymbol{x}_e$ 处，半径分别为 δ 和 ε，超球域的边界分别为超球面 $S(\delta)$和 $S(\varepsilon)$。式(6-1)将 $\boldsymbol{x}(t_0)$限定在超球面 $S(\delta)$内，式(6-2)将 $\boldsymbol{x}(t)$限定在超球面 $S(\varepsilon)$内。因此，李雅普诺夫意义下稳定的几何意义是：由位于超球面 $S(\delta)$内的任意初始状态 $\boldsymbol{x}(t_0)$引发的自由运动 $\boldsymbol{x}(t)$永远不会超出超球面 $S(\varepsilon)$。

2. 渐近稳定

如果系统在 $\boldsymbol{x}_e$ 处是李雅普诺夫意义下稳定的，且

$$\lim_{t\to\infty}\|\boldsymbol{x}(t)-\boldsymbol{x}_e\|\to 0 \tag{6-4}$$

或

$$\lim_{t\to\infty}\boldsymbol{x}(t)\to\boldsymbol{x}_e \tag{6-5}$$

则称系统在平衡状态 $\boldsymbol{x}_e$ 处是渐近稳定的。又当系统在 $\boldsymbol{x}_e$ 处是李雅普诺夫意义下一致稳定时，称系统为一致渐近稳定。

式(6-4)或式(6-5)表明：当时间足够大时，由偏离平衡状态 $\boldsymbol{x}_e$ 的任意初始状态 $\boldsymbol{x}(t_0)$引发的自由运动 $\boldsymbol{x}(t)$最终趋于 $\boldsymbol{x}_e$。

3. 全局渐近稳定

如果 $\boldsymbol{x}(t_0)$是 $\mathbf{R}^n$ 中的任意点，由 $\boldsymbol{x}(t_0)$引发的自由运动 $\boldsymbol{x}(t)$总是趋近于 $\boldsymbol{x}_e$，则称系统是全局渐近稳定的。当系统是全局渐近稳定时，平衡状态 $\boldsymbol{x}_e$ 一定是唯一的。

非奇异线性系统只有一个平衡状态 $\boldsymbol{x}_e$，只要渐近稳定，那必定也是全局渐近稳定。许多非线性系统有多个平衡状态，渐近稳定只具有局部意义。

4. 不稳定

如果在平衡状态 $\boldsymbol{x}_e$ 的邻域内，对于任意选定的正实数 ε，不论 ε 多么小，均无法找到另一正实数 $\delta=\delta(\varepsilon,t_0)$，使之满足李雅普诺夫意义下稳定的条件，则称系统在该平衡状态处是不稳定的。其几何意义是：只要 $\boldsymbol{x}(t_0)$偏离 $\boldsymbol{x}_e$，由它引发的 $\boldsymbol{x}(t)$必定随时间的延续离 $\boldsymbol{x}_e$ 而远去。

6.2 李雅普诺夫稳定性判别方法

6.2.1 李雅普诺夫间接法(第一法)

李雅普诺夫间接法又称为李雅普诺夫第一法。它的基本思路是通过系统状态方程解的特性来判断系统稳定性，适用于线性定常、线性时变及非线性函数可线性化的情况。经典控制理论中关于线性定常系统稳定性的各种判据，均可看作李雅普诺夫第一法在线性系统中的应用。

线性系统的稳定判据 设线性定常连续系统自由的状态方程为

$$\dot{\boldsymbol{x}}=\boldsymbol{A}\boldsymbol{x} \tag{6-6}$$

则系统在平衡状态 $\boldsymbol{x}_e=\boldsymbol{0}$ 处渐近稳定的充要条件是系统矩阵 $\boldsymbol{A}$ 的所有特征值均具有负实部。

如前所述，对于由非奇异矩阵 $\boldsymbol{A}$ 描述的线性定常连续系统，因为其只有唯一的平衡状态 $\boldsymbol{x}_e=\boldsymbol{0}$，故关于平衡状态 $\boldsymbol{x}_e=\boldsymbol{0}$ 的渐近稳定性和系统的渐近稳定性完全一致。当平衡状态 $\boldsymbol{x}_e=\boldsymbol{0}$ 渐近稳定时，系统必定是大范围一致渐近稳定。

6.2.2 李雅普诺夫直接法(第二法)

李雅普诺夫直接法又称为李雅普诺夫第二法。它的基本思路是借助于一个李雅普诺夫函数来直接对系统平衡状态的稳定性作出判断，而不去求解系统的运动方程，是从能量的观点进行稳定性的分析。如果一个系统被激励后，其存储的能量随着时间的推移而逐渐衰减，到达平衡状态时能量将达到最小值，那么这个平衡状态是渐近稳定的；反之，如果系统不断地从外界吸收能量，储能越来越大，那么这个平衡状态就是不稳定的；如果系统的储能既不增加也不消耗，那么这个平衡状态就是李雅普诺夫意义下稳定的。这样就可以通过检查某个标量函数的变化情况，对一个系统的稳定性分析做出结论。

定理 6.1(定常系统大范围渐进稳定判别定理 1) 设系统的状态方程为 $\dot{\boldsymbol{x}}=f(\boldsymbol{x})$，平衡状态为 $\boldsymbol{x}_e=\boldsymbol{0}$，满足 $f(\boldsymbol{x}_e)=\boldsymbol{0}$。如果存在一个标量函数 $V(\boldsymbol{x})$，满足

(1) $V(\boldsymbol{x})$ 对所有 $\boldsymbol{x}$ 都具有连续的一阶偏导数；

(2) $V(\boldsymbol{x})$ 是正定的，即当 $\boldsymbol{x}=\boldsymbol{0}$ 时，$V(\boldsymbol{x})=\boldsymbol{0}$；当 $\boldsymbol{x}\neq\boldsymbol{0}$ 时，$V(\boldsymbol{x})>0$；

(3)$V(\boldsymbol{x})$沿状态轨迹方向计算的时间导数 $\dot{V}(\boldsymbol{x})=\dfrac{\mathrm{d}V(\boldsymbol{x})}{\mathrm{d}t}$负定，则系统的平衡状态 $\boldsymbol{x}_e=\boldsymbol{0}$ 是渐近稳定的，并称 $V(\boldsymbol{x})$是系统的一个李雅普诺夫函数；

进一步，若 $V(\boldsymbol{x})$还满足

(4) $\lim\limits_{\|\boldsymbol{x}\|\to\infty} V(\boldsymbol{x})=\infty$，

则系统在平衡状态 $\boldsymbol{x}_e=\boldsymbol{0}$ 是大范围渐近稳定的。

定理 6.2(定常系统大范围渐进稳定判别定理 2) 设系统的状态方程为 $\dot{\boldsymbol{x}}=f(\boldsymbol{x})$，平衡状态为 $\boldsymbol{x}_e=\boldsymbol{0}$，满足 $f(\boldsymbol{x}_e)=\boldsymbol{0}$。如果存在一个标量函数 $V(\boldsymbol{x})$，满足

(1)$V(\boldsymbol{x})$对所有 $\boldsymbol{x}$ 都具有连续的一阶偏导数；

(2)$V(x)$是正定的，即当 $\boldsymbol{x}=\boldsymbol{0}$ 时，$V(\boldsymbol{x})=0$；当 $\boldsymbol{x}\neq\boldsymbol{0}$ 时，$V(\boldsymbol{x})>0$；

(3)$V(\boldsymbol{x})$沿状态轨迹方向计算的时间导数 $\dot{V}(\boldsymbol{x})=\dfrac{\mathrm{d}V(\boldsymbol{x})}{\mathrm{d}t}$半负定，则平衡状态 $\boldsymbol{x}_e$ 在李雅普诺夫意义下稳定；

(4)但若对任意初始状态 $\boldsymbol{x}(t_0)\neq\boldsymbol{0}$ 来说，除去 $\boldsymbol{x}=\boldsymbol{0}$ 外，对于 $\boldsymbol{x}\neq\boldsymbol{0}$，$\dot{V}(\boldsymbol{x})$不恒为零，则系统的平衡状态 $\boldsymbol{x}_e=\boldsymbol{0}$ 是渐近稳定的，并称 $V(\boldsymbol{x})$是系统的一个李雅普诺夫函数；

进一步，若 $V(\boldsymbol{x})$还满足

(5) $\lim\limits_{\|\boldsymbol{x}\|\to\infty} V(\boldsymbol{x})=\infty$，

则系统在平衡状态 $\boldsymbol{x}_e=\boldsymbol{0}$ 处是大范围渐近稳定的。

定理 6.3(不稳定判别定理) 设系统的状态方程为 $\dot{\boldsymbol{x}}=f(\boldsymbol{x})$，平衡状态为 $\boldsymbol{x}_e=\boldsymbol{0}$，满足 $f(\boldsymbol{x}_e)=\boldsymbol{0}$。如果存在一个标量函数 $V(\boldsymbol{x})$，满足

(1)$V(\boldsymbol{x})$对所有 $\boldsymbol{x}$ 都具有连续的一阶偏导数；

(2)$V(\boldsymbol{x})$是正定的，即当 $\boldsymbol{x}=\boldsymbol{0}$ 时，$V(\boldsymbol{x})=0$；当 $\boldsymbol{x}\neq\boldsymbol{0}$ 时，$V(\boldsymbol{x})>0$；

(3)$V(\boldsymbol{x})$沿状态轨迹方向计算的时间导数 $\dot{V}(\boldsymbol{x})=\dfrac{\mathrm{d}V(\boldsymbol{x})}{\mathrm{d}t}$正定，

则系统在平衡状态处不稳定。

例 6.1 给定线性时变系统

$$\dot{\boldsymbol{x}}=\begin{bmatrix} 0 & 1 \\ -\dfrac{1}{t+1} & -10 \end{bmatrix}\boldsymbol{x},\quad t\geqslant 0$$

判定其原点 $\boldsymbol{x}_e=\boldsymbol{0}$ 是否是大范围渐近稳定。

解 取 $V(\boldsymbol{x},t)=\dfrac{1}{2}(x_1^2+(t+1)x_2^2)$，则

$$\dot{V}(\boldsymbol{x},t)=x_1\dot{x}_1+\frac{1}{2}x_2^2+(t+1)x_2\dot{x}_2=x_1x_2+\frac{1}{2}x_2^2+(t+1)x_2\left(-\frac{1}{t+1}x_1-10x_2\right)$$

$$=x_1x_2+\frac{1}{2}x_2^2-x_2x_1-10(t+1)x_2^2=\frac{1}{2}x_2^2-10(t+1)x_2^2$$

$$=\left(\frac{1}{2}-10(t+1)\right)x_2^2=-(10t+9.5)x_2^2$$

如果 $\dot{V}(\boldsymbol{x},t)$ 恒等于 0，于是 x_2 恒等于 0，再由 $\dot{x}_2$ 的表达式可知 x_1 恒等于 0。所以，对于任意非零的初始扰动，$\dot{V}(\boldsymbol{x},t)$ 都不恒等于 0，系统在原点处渐近稳定。又因为 $\lim\limits_{\|x\|\to\infty} V(\boldsymbol{x})=\infty$，所以系统在原点处大范围渐近稳定。

例 6.2 试用李雅普诺夫第二法判断下列线性系统平衡状态的稳定性：

$$\begin{cases}\dot{x}_1=-x_1+x_2\\ \dot{x}_2=2x_1-3x_2\end{cases}$$

解 本题所研究的系统是线性定常连续系统。首先计算系统的平衡状态，选定正标量函数作为李雅普诺夫能量函数，再通过李雅普诺夫第二法判断系统的稳定性。

显然，原点($x_1=0$，$x_2=0$)是该系统唯一的平衡状态。选取正标量函数

$$V(\boldsymbol{x})=\frac{1}{2}x_1^2+\frac{1}{4}x_2^2$$

则有

$$\dot{V}(\boldsymbol{x})=x_1\dot{x}_1+\frac{1}{2}x_2\dot{x}_2=x_1(-x_1+x_2)+\frac{1}{2}x_2(2x_1-3x_2)$$

$$=-x_1^2+2x_1x_2-\frac{3}{2}x_2^2=-(x_1-x_2)^2-\frac{1}{2}x_2^2$$

对于状态空间中的一切非零 $\boldsymbol{x}$ 满足 $V(\boldsymbol{x})$ 正定和 $\dot{V}(\boldsymbol{x})$ 负定，故系统的原点平衡状态是大范围渐近稳定的。

例 6.3 假设系统的齐次状态方程为

$$\dot{\boldsymbol{x}}=\begin{bmatrix}x_2\\ -(ax_1+bx_2x_1^2)\end{bmatrix}\quad(a>0,b>0)$$

试分析系统的稳定性。

解 令

$$\begin{bmatrix}x_2\\ -(ax_1+bx_2x_1^2)\end{bmatrix}=\boldsymbol{0}$$

解此方程，可得 $\boldsymbol{x}_e=\boldsymbol{0}$ 且唯一。

预选 $\boldsymbol{x}$ 与 $\boldsymbol{x}_e$ 之间的广义距离作为 V 函数，即

$$V(\boldsymbol{x})=ax_1^2+x_2^2$$

显然，$V(\boldsymbol{x})$ 是正定的。

对 $V(\boldsymbol{x})$ 关于时间 t 求一阶导数并将给定的系统齐次微分方程代入，可得

$$\dot{V}(\boldsymbol{x})=2ax_1\dot{x}_1+2x_2\dot{x}_2=2ax_1x_2-2x_2(ax_1+bx_2x_1^2)=-2bx_1^2x_2^2$$

显然，$\dot{V}(\boldsymbol{x})$ 负定。

因 $V(\boldsymbol{x})$正定，$\dot{V}(\boldsymbol{x})$负定，且当 $\|\boldsymbol{x}\| = \sqrt{x_1^2+x_2^2}\to\infty$时，$V(\boldsymbol{x})\to\infty$，所以该系统是全局渐进稳定的。

例 6.4 已知非线性系统的状态方程式为

$$\begin{cases}\dot{x}_1 = x_2 - x_1(x_1^2+x_2^2)\\ \dot{x}_2 = -x_1 - x_2(x_1^2+x_2^2)\end{cases}$$

试判断其平衡状态的稳定性。

解 取李雅普诺夫函数为

$$V(\boldsymbol{x}) = x_1^2 + x_2^2$$

显然，$V(\boldsymbol{x})$是正定的。

$$\dot{V}(\boldsymbol{x}) = \frac{\mathrm{d}V}{\mathrm{d}t} = \frac{\partial V}{\partial x_1}\frac{\mathrm{d}x_1}{\mathrm{d}t} + \frac{\partial V}{\partial x_2}\frac{\mathrm{d}x_2}{\mathrm{d}t} = 2x_1\dot{x}_1 + 2x_2\dot{x}_2$$

将系统状态方程代入上式，得

$$\dot{V}(\boldsymbol{x}) = -2(x_1^2+x_2^2)^2$$

显然，当 $\boldsymbol{x}=\boldsymbol{0}$ 时，$\dot{V}(\boldsymbol{x})=0$；当 $\boldsymbol{x}\neq\boldsymbol{0}$ 时，$\dot{V}(\boldsymbol{x})<0$，故 $V(\boldsymbol{x})$为负定的。根据定理 6.2 知，该系统在平衡点$(x_1=0, x_2=0)$)是渐近稳定的。而且，当 $\|\boldsymbol{x}\|\to\infty$时，$V(\boldsymbol{x})\to\infty$。该系统在平衡状态 $\boldsymbol{x}_e=\boldsymbol{0}$ 处是大范围渐近稳定的。

在李雅普诺夫意义下，稳定性的主要成果有：①李雅普诺夫第一法（间接法），根据系统静态工作点附近的线性化模型，对静态工作点附近系统的局部稳定性做出判断；②李雅普诺夫第二法（直接法），通过变量替换，将系统静态工作点的稳定性问题转化成系统零平凡解的稳定性问题，选取正定的李雅普诺夫函数，对时间求全导数，由导数的负定性或负半定性，对局部或全局的稳定性问题做出判断。

当系统可以表示成一个线性定常系统和一个静态非线性定常或静态非线性时变系统的反馈连接时，例如有操作非线性特性（控制器限幅特性、功率放大环节的非线性特性）和输出环节的非线性特性等，在这种情况下，绝对稳定性理论给出了一种定常李雅普诺夫函数的选取方法，得到了静态非线性定常或静态非线性时变函数在某一扇区内变化时，原点局部或全局稳定性的结论。无源性的分析方法（超稳定性），进一步将讨论的对象推广到输入输出描述满足无源性要求的两个动态系统反馈连接组成的闭环系统，在这种情况下，各系统李雅普诺夫函数的和就是整个闭环系统的李雅普诺夫函数，并直接可由系统的无源特性和输出特性（严格无源、输出严格无源和零状态可观等）得到系统原点全局稳定或渐近稳定的结论。

6.3　利用 MATLAB 分析系统的稳定性

利用 MATLAB 分析系统的稳定性应用的命令如下。

(1)lyap:求解线性定常系统李雅普诺夫方程的命令语句。

语句形式为 $\boldsymbol{X}$=lyap($\boldsymbol{A}$,$\boldsymbol{Q}$),函数的形参为系统矩阵 $\boldsymbol{A}$,李雅普诺夫方程中的矩阵 $\boldsymbol{Q}$,返回参数为李雅普诺夫方程中的 $\boldsymbol{P}$ 矩阵及其各阶主子式向量 delt$\boldsymbol{P}$。

(2)dlyap:求解线性定常离散系统李雅普诺夫方程的命令语句。

语句形式为 $\boldsymbol{X}$=dlyap($\boldsymbol{A}$,$\boldsymbol{Q}$),函数的形参为系统矩阵 $\boldsymbol{A}$,李雅普诺夫方程中的矩阵 $\boldsymbol{Q}$,返回参数为李雅普诺夫方程中的 $\boldsymbol{P}$ 矩阵及其各阶主子式向量 delt$\boldsymbol{P}$。

(3)dlyap2:利用特征值分解技术求解李雅普诺夫方程的命令语句。

语句形式为 $\boldsymbol{X}$=dlyap2($\boldsymbol{A}$,$\boldsymbol{Q}$),函数的形参为系统矩阵 $\boldsymbol{A}$,李雅普诺夫方程中的矩阵 $\boldsymbol{Q}$,返回参数为李雅普诺夫方程中的 $\boldsymbol{P}$ 矩阵。

可定义稳定性判断函数 stabanaly 如下。

```
function[P,deltP]=stabanaly(A,Q)
n=size(A,1);deltP=[];
P=lyap(A,Q);  % 若为线性定常离散系统,此函数为 P= dlyap(A,Q)
for i=1:n
      delt=delt(P(1:i,1:i));
      deltP=[deltP;delt];
end
```

在 Command Window 窗口输入矩阵 $\boldsymbol{A}$ 和 $\boldsymbol{Q}$,调用函数 stabanaly,MATLAB 即可完成计算并输出矩阵 $\boldsymbol{P}$ 及各阶主子式向量 delt$\boldsymbol{P}$。

例 6.5　设系统的自由运动方程为

$$\dot{\boldsymbol{x}}(t)=\begin{bmatrix}0 & 3\\-4 & -7\end{bmatrix}\boldsymbol{x}(t)$$

试判断系统的稳定性,并求李雅普诺夫函数。

解　(1)常规分析。

因系统矩阵 $\boldsymbol{A}=\begin{bmatrix}0 & 3\\-4 & -7\end{bmatrix}$非奇异,故该系统只有一个位于状态空间原点的平衡状态,即

$$\boldsymbol{x}_e=\boldsymbol{0}$$

李雅普诺夫方程为

$$A^{T}P+PA=-Q$$

其中，$P=\begin{bmatrix}p_{11} & p_{12}\\ p_{12} & p_{22}\end{bmatrix}$。

若取 $Q=\begin{bmatrix}0 & 0\\ 0 & 1\end{bmatrix}$，那么 $x^{T}Qx=x_2^2$。如果 $x^{T}Qx=0$，必有 $x_2^2=0$。根据给定的状态方程 $\dot{x}_2=-4x_1-7x_2$，当 $x_2=0$ 时，必有 $x_1=0$。可见，只有在 $x_e=0$ 处，$x^{T}Qx=0$。除此之外，$x^{T}Qx$ 不恒为零。于是，由李雅普诺夫稳定性方程可得

$$\begin{bmatrix}0 & -4\\ 3 & -7\end{bmatrix}\begin{bmatrix}p_{11} & p_{12}\\ p_{12} & p_{22}\end{bmatrix}+\begin{bmatrix}p_{11} & p_{12}\\ p_{12} & p_{22}\end{bmatrix}\begin{bmatrix}0 & 3\\ -4 & -7\end{bmatrix}=-\begin{bmatrix}0 & 0\\ 0 & 1\end{bmatrix}$$

解方程可得

$$P=\begin{bmatrix}\frac{2}{21} & 0\\ 0 & \frac{1}{14}\end{bmatrix}$$

P 为正定实对称矩阵，Q 为半正定实对称矩阵，且 $x^{T}Qx$ 不恒为零，满足稳定的充分必要条件，故该系统在 $x_e=0$ 处大范围渐近稳定，李雅普诺夫函数为

$$V(x)=x^{T}Px=\frac{2}{21}x_1^2+\frac{1}{14}x_2^2$$

(2)MATLAB 分析。

运用 MATLAB 函数 stabanaly 分析计算可得到矩阵 P 及各阶主子式向量 delt$P$。

输入如下程序：

```
>>A=[0  3;-4  -7];Q=[0  0;0  1];
>>[P,deltP]=stabanaly(A,Q)
```

例 6.6 已知线性定常系统如图 6.1 所示，试求系统的状态方程；选择正定的实对称矩阵 Q 后计算李雅普诺夫方程的解，并利用李雅普诺夫函数确定系统的稳定性。

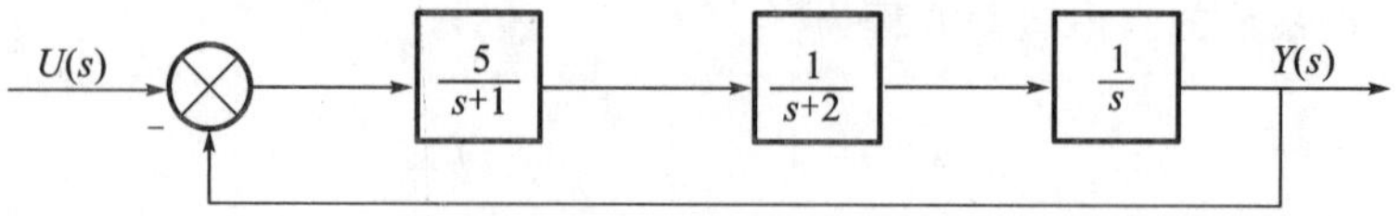

图 6.1 线性定常系统结构图

解 讨论系统的稳定性时，可令给定输入 $u(t)=0$。根据题目要求，因为需要调用函数 lyap()，故首先将系统转换为状态空间模型。选择半正定矩阵 Q 为

$$Q=\begin{bmatrix}0 & 0 & 0\\ 0 & 0 & 0\\ 0 & 0 & 1\end{bmatrix}$$

为了确定系统的稳定性，需验证 $\boldsymbol{P}$ 矩阵的正定性，这可以对各主子式的行列式进行校验。

输出如下程序：

```
n1=5;d1=[11];s1=tf(n1,d1);
n2=1;d2=[12];s2=tf(n2,d2);
n3=1;d3=[10];s3=tf(n3,d3);
s123=s1* s2* s3;sb=feedback(s123,1);
[a]=tf2ss(sb.num(1),sb.den(1));
Q=[0  0  0;0  0  0;0  0  1];
if det(a)~ =0
  p=lyap(a,Q)
  delt1=det(p(1,1))
  delt2=det(p(2,2))
  deltp=det(p)
end
```

习　题

6-1　判断下列二次型函数的定号性。

(1) $V(\boldsymbol{x})=2x_1^2+3x_2^2+x_3^2-2x_1x_2+2x_1x_3$

(2) $V(\boldsymbol{x})=8x_1^2+2x_2^2+x_3^2-8x_1x_2+2x_1x_3-2x_2x_3$

(3) $V(\boldsymbol{x})=x_1^2+x_3^2-2x_1x_2+x_2x_3$

(4) $V(\boldsymbol{x})=-x_1^2-10x_2^2-4x_3^2+6x_1x_2+2x_2x_3$

(5) $V(\boldsymbol{x})=\begin{bmatrix}x_1 & x_2 & x_3\end{bmatrix}\begin{bmatrix}1 & 1 & 1\\1 & 2 & 0\\1 & 0 & 2\end{bmatrix}\begin{bmatrix}x_1\\x_2\\x_3\end{bmatrix}$

(6) $V(\boldsymbol{x})=x_1^2+2x_2^2+8x_3^2+2x_1x_2+2x_2x_3-2x_1x_3$

(7) $V(\boldsymbol{x})=x_1^2+\dfrac{x_2^2}{1+x_2^2}$

6-2　用李雅普诺夫第一法判定下列系统在平衡状态的稳定性。

$$\begin{cases}\dot{x}_1=-x_1+x_2+x_1(x_1^2+x_2^2)\\ \dot{x}_2=-x_1-x_2+x_2(x_1^2+x_2^2)\end{cases}$$

6-3　试用李雅普诺夫稳定性判别定理判断下列系统在平衡状态的稳定性。

(1) $\dot{\boldsymbol{x}}(t)=\begin{bmatrix}0 & 1\\ -5 & -6\end{bmatrix}\boldsymbol{x}(t)+\begin{bmatrix}0\\ 1\end{bmatrix}\boldsymbol{u}(t)$

(2) $\dot{\boldsymbol{x}}(t)=\begin{bmatrix}-4 & 1 & 0\\ 0 & -4 & 0\\ 0 & 0 & 3\end{bmatrix}\boldsymbol{x}(t)+\begin{bmatrix}0\\ 1\\ 1\end{bmatrix}\boldsymbol{u}(t)$

(3) $\boldsymbol{x}(k+1)=\begin{bmatrix}-7 & 1\\ 0 & -7\end{bmatrix}\boldsymbol{x}(k)+\begin{bmatrix}0\\ 1\end{bmatrix}\boldsymbol{u}(k)$

(4) $\boldsymbol{x}(k+1)=\begin{bmatrix}-5 & 1 & 0\\ 0 & -5 & 0\\ 0 & 0 & -7\end{bmatrix}\boldsymbol{x}(k)+\begin{bmatrix}0\\ 1\\ 1\end{bmatrix}\boldsymbol{u}(k)$

(5) $\boldsymbol{x}(k+1)=\begin{bmatrix}0 & 1\\ -0.5 & -0.6\end{bmatrix}\boldsymbol{x}(k)+\begin{bmatrix}0\\ 1\end{bmatrix}\boldsymbol{u}(k)$

(6) $\dot{\boldsymbol{x}}=\begin{bmatrix}0 & 1\\ -2 & -2\end{bmatrix}\boldsymbol{x}$

(7) $\dot{\boldsymbol{x}}=\begin{bmatrix}-1 & 1\\ 2 & -4\end{bmatrix}\boldsymbol{x}$

(8) $\dot{\boldsymbol{x}}=\begin{bmatrix}1 & 0 & -1\\ 0 & 1 & 0\\ 0 & 0 & -2\end{bmatrix}\boldsymbol{x}$

6-4 设线性离散时间系统为

$$\boldsymbol{x}(k+1)=\begin{bmatrix}0 & 1 & 0\\ 0 & 0 & 1\\ 0 & m/2 & 0\end{bmatrix}\boldsymbol{x}(k),\quad m>0$$

试求在平衡状态下系统渐近稳定的 m 值范围。

6-5 试用李雅普诺夫方法求系统

$$\dot{\boldsymbol{x}}=\begin{bmatrix}a_{11} & a_{12}\\ a_{21} & a_{22}\end{bmatrix}\boldsymbol{x}$$

在平衡状态 $\boldsymbol{x}=\boldsymbol{0}$ 处为大范围渐近稳定的条件。

6-6 系统的状态方程为

$$\dot{\boldsymbol{x}}=\begin{bmatrix}1 & 0\\ -1 & -1\end{bmatrix}\boldsymbol{x}$$

试计算相轨迹从 $\boldsymbol{x}(0)=\begin{bmatrix}1\\ 0\end{bmatrix}$点出发到达 $x_1^2+x_2^2=0.1^2$ 区域内所需要的时间。

6-7 设非线性系统的状态方程为

$$\begin{cases}\dot{x}_1=x_2\\ \dot{x}_2=-x_1^5-x_2\end{cases}$$

试用李雅普诺夫第二法确定其平衡状态的稳定性。

6-8　设非线性系统的状态方程为

$$\begin{cases}\dot{x}_1=x_2\\ \dot{x}_2=-\dfrac{1}{a+1}x_2(1+x_2)^2-10x_1, \quad a>0\end{cases}$$

试用李雅普诺夫第二法确定其平衡状态的稳定性。

6-9　设非线性系统的状态方程为

$$\begin{cases}\dot{x}_1=x_2\\ \dot{x}_2=-\left(\dfrac{1}{a_1}x_1+\dfrac{a_2}{a_1}x_1^2x_2\right)\end{cases}$$

试证明在 $a_1>0, a_2>0$ 时系统是大范围渐近稳定的。

6-10　设非线性系统的状态方程为

$$\begin{cases}\dot{x}_1=-x_1+x_2+x_1(x_1^2+x_2^2)\\ \dot{x}_2=-x_1-x_2+x_2(x_1^2+x_2^2)\end{cases}$$

试用李雅普诺夫第二法确定其平衡状态的稳定性。

6-11　设系统状态方程为

$$\dot{\boldsymbol{x}}=\begin{bmatrix}1 & 1\\ -1 & 1\end{bmatrix}\boldsymbol{x}$$

试用李雅普诺夫第二法确定系统平衡状态的稳定性。

6-12　设某系统的状态空间表达式为

$$\dot{\boldsymbol{x}}=\begin{bmatrix}k-2 & 0\\ 0 & -3\end{bmatrix}\boldsymbol{x}+\begin{bmatrix}2\\ 1\end{bmatrix}\boldsymbol{u}, \quad \boldsymbol{y}=\begin{bmatrix}0 & 1\end{bmatrix}\boldsymbol{x}$$

试用李雅普诺夫第二法求系统平衡状态大范围渐近稳定时 k 的取值范围。

6-13　设离散时间系统的状态方程为

$$\boldsymbol{x}(k+1)=\begin{bmatrix}1 & 4 & 0\\ -3 & -2 & -3\\ 2 & 0 & 0\end{bmatrix}\boldsymbol{x}(k)$$

试用两种方法判断系统的稳定性。

6-14　设离散时间系统的状态方程为

$$\boldsymbol{x}(k+1)=\begin{bmatrix}0 & 1 & 0\\ 0 & 0 & 1\\ 0 & a & 0\end{bmatrix}\boldsymbol{x}(k), \quad a>0$$

试用两种方法求平衡状态 $\boldsymbol{x}_e=\boldsymbol{0}$ 渐近稳定时 a 的取值范围。

6-15 考虑四阶线性系统

$$\dot{\boldsymbol{x}}=\boldsymbol{A}\boldsymbol{x}=\begin{bmatrix}0 & 1 & 0 & 0\\ -b_4 & 0 & 1 & 0\\ 0 & -b_3 & 0 & 1\\ 0 & 0 & -b_2 & -b_1\end{bmatrix}\begin{bmatrix}x_1\\ x_2\\ x_3\\ x_4\end{bmatrix},\quad b_i\neq 0,\quad i=1,2,3,4$$

应用李雅普诺夫的稳定判据，试以 $b_i(i=1,2,3,4)$表示这个系统的平衡点 $\boldsymbol{x}=\boldsymbol{0}$ 渐近稳定的充要条件。

6-16 下面的非线性微分方程式称为关于两种生物个体群的沃尔泰拉(Volterra)方程式：

$$\begin{cases}\dot{x}_1=\alpha x_1+\beta x_1 x_2\\ \dot{x}_2=\gamma x_2+\delta x_1 x_2\end{cases}$$

式中，x_1，x_2 分别是生物个体数，α，β，γ，δ 是不为零的实数。

(1)试求系统平衡点；

(2)在平衡点的附近线性化，试讨论平衡点的稳定性。

6-17 求下面的非线性微分方程式平衡点；在各平衡点进行线性化，并判别平衡点是否稳定。

$$\begin{cases}\dot{x}_1=x_2\\ \dot{x}_2=-\sin x_1-x_2\end{cases}$$

6-18 利用李雅普诺夫方程判断下列系统是否为大范围渐近稳定。

$$\dot{\boldsymbol{x}}=\begin{bmatrix}-1 & 1\\ 2 & -3\end{bmatrix}\boldsymbol{x}$$

REFERENCES

参考文献

[1]汪纪锋.现代控制理论[M].北京:人民邮电出版社,2013.

[2]孙希明.现代控制理论[M].北京:化学工业出版社,2022.

[3]夏超英.现代控制理论[M].2版.北京:科学出版社,2016.

[4]崔家骥.现代控制系统设计理论的新发展[M].3版.上海:上海交通大学出版社,2022.

[5]王万良.现代控制理论基础[M].北京:高等教育出版社,2023.

[6]陈晓平,和卫星.现代控制理论[M].北京:高等教育出版社,2011.

[7]王新生,曲延滨.现代控制理论基础[M].3版.哈尔滨:哈尔滨工业大学出版社,2020.

[8]于长官.现代控制理论及应用[M].2版.哈尔滨:哈尔滨工业大学出版社,2007.

[9]侯媛彬,嵇启春,杜京义,等.现代控制理论基础[M].2版.北京:北京大学出版社,2020.

[10]何德峰,俞立.现代控制系统分析与设计——基于MATLAB仿真与实现[M].北京:清华大学出版社,2022.

[11]高立群,郑艳,井元伟.现代控制理论习题集[M].北京:清华大学出版社,2007.

[12]谢克明.现代控制理论[M].北京:清华大学出版社,2007.

[13]赵光宙.现代控制理论[M].北京:机械工业出版社,2006.

[14]刘豹,唐万生.现代控制理论[M].3版.北京:机械工业出版社,2006.

[15]王孝武.现代控制理论基础[M].3版.北京:机械工业出版社,2013.

[16]闫茂德,高昂,胡延苏.现代控制理论[M].北京:机械工业出版社,2016.

[17]王宏华.现代控制理论[M].3版.北京:电子工业出版社,2018.

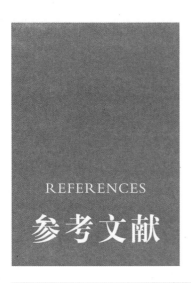

[18]韩致信. 现代控制理论及其 MATLAB 实现[M]. 北京:电子工业出版社,2014.

[19]Richard C. Dorf(理查德·C. 多尔夫),Robert H. Bishop(罗伯特·H. 毕晓普). 现代控制系统[M]. 13 版. 北京:电子工业出版社,2018.

[20]宋丽容,邢灿华. 现代控制理论基础[M]. 2 版. 北京:中国电力出版社,2015.

[21]张果. 现代控制理论[M]. 西安:西安电子科技大学,2018.

[22]胡寿松. 自动控制原理[M]. 7 版. 北京:科学出版社,2019.

[23]胡寿松. 自动控制原理习题解析[M]. 3 版. 北京:科学出版社,2018.

[24]石海彬. 现代控制理论习题详解与评注[M]. 北京:清华大学出版社,2020.